BIANDIANZHAN ZHIHUIXING FUZHU XITONG JIANKONG JISHU

变电站智慧型辅助系统
监控技术

主 编 徐 波 肖 齐

副主编 吴 键 李 帆 陶可京

中国电力出版社

CHINA ELECTRIC POWER PRESS

内 容 提 要

智能变电站是智能电网的重要节点和基础,是电网数据采集的源头,而智慧型辅助系统对智能变电站安全优质高效运行有着重大意义。为推进智能监控技术在智能变电站中的应用,特编写了本书。

本书共分为 11 章,分别为概述、总体要求、安防子系统、动环子系统、火灾消防子系统、视频子系统、在线监测子系统、变电站巡检机器人、无人机巡检子系统、变电站智慧型辅助系统全面监控平台、变电站智慧型辅助系统全面监控技术工程实践。

本书既可供变电站工程技术人员使用,也可作为高等院校及培训机构师生的参考用书。

图书在版编目(CIP)数据

变电站智慧型辅助系统监控技术 / 徐波,肖齐主编. —北京:中国电力出版社,2021.11
ISBN 978-7-5198-6021-9

Ⅰ. ①变… Ⅱ. ①徐…②肖… Ⅲ. ①智能系统–变电所–辅助系统–研究 Ⅳ. ①TM63

中国版本图书馆 CIP 数据核字(2021)第 190472 号

出版发行:中国电力出版社
地　　址:北京市东城区北京站西街 19 号(邮政编码 100005)
网　　址:http://www.cepp.sgcc.com.cn
责任编辑:罗　艳(yan-luo@sgcc.com.cn 010-63412315)
责任校对:黄　蓓　郝军燕
装帧设计:张俊霞
责任印制:石　雷

印　　刷:三河市万龙印装有限公司
版　　次:2021 年 11 月第一版
印　　次:2021 年 11 月北京第一次印刷
开　　本:710 毫米×1000 毫米　16 开本
印　　张:16
字　　数:284 千字
印　　数:0001—2300 册
定　　价:115.00 元

编审人员名单

主　　编　　徐　波　肖　齐

副 主 编　　吴　键　李　帆　陶可京

参编人员　（排名不分先后）

杨国锋	李　浩	王晓华	宋　兵	吴怀诚
彭世宽	宋爱国	童军心	陈格格	陈　真
桂小强	陈　婷	田庆阳	赵　莉	秦欢欢
李　珣	陈　欢	卢华兵	胡　霁	田少华
苏　强	杨瀚鹏	郑文雷	仇帅辉	冯　彬
熊俊杰	李恩宁	谌宏飞	高存玉	姜建平
李怀东	赵立军	涂其臣	郭丽娟	马　锋
代海涛	钟　成	胡齐晋	谢　佳	张一辰
籍天明	邢海文	刘　旭	贾云心	章逸丰
周　华	熊　蓉	黎勇跃	季宝江	李志刚
陈红强	李　帆	马小光	何军伟	赵智成
赵国栋	宋臻吉	鄂士平	董志辉	王　牧
朱立华	陈　钦	卢致辉	周　勇	黄建生
王　齐	欧阳开一	刘　飞	张从容	杨文强
郑含博	崔国强	杨磊杰	魏　瀛	孙喜民
洪功义	陆杰频	熊黄海	于洪洲	温晓东

主　　审　　王　宾

审核人员　　王金生　李福德

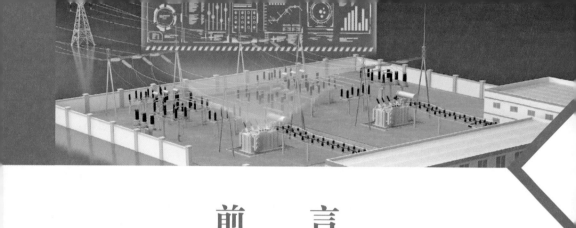

前　　言

随着国家经济建设的快速发展，人们对用电需求持续增长，倒逼电力供需保障能力逐年提升，变电站建设规模稳步扩大，导致一线运维人员工作强度急剧提升，急需提升变电站运维支撑系统质效，通过技术革新推动人工替代，有效缓解电网运检人员不足、设备管控力度弱化、技术支撑保障能力不强、现有运维管理模式难以适应设备快速增长的突出矛盾。

本书组织国内能源行业、人工智能、信息通信、大数据领域的运维单位、制造企业、科研院所的专家团队，从设备主人制，优化变电运维管理模式，提高变电运维监控强度、设备管理细度、生产信息化程度和队伍建设角度，详细梳理变电设备辅助设施运维需求，且充分考虑国内先进传感器技术和未来发展需求，历时一年时间编纂完成《变电站智慧型辅助系统监控技术》。

本书在编写过程中，突出严谨治学的科学方法论，紧紧围绕智慧、自主感知可控等目标，充分结合电网运维、变电站辅助设备监控、变电站运维检修、设备管理和应急处置、智能化数字化班组需求，逐步形成具有前瞻性、现实指导意义、可落地的工程技术书籍，可指导后续变电站构建智慧型辅助控制系统工程技术落地。

为便于读者阅读，本书从辅助系统建设中的背景意义、应用发展历程、主要研究方向、总体要求分系统模块分别阐述安防子系统、动环子系统、火灾消防子系统、视频子系统、在线监测子系统、变电站巡检机器人、无人机巡检子系统等几个方面技术应用，同时在辅助系统全面监控平台一章中重点突出当前数字孪生、人工智能、云原生、大数据、5G 通信、物联网等前沿技术落地应用，配合当前工程实践阐述全景可视化、仿真预测、精益管理等先进的思路，着重强调设备侧人机协同替代运检的掌控能力入手。

本书在编制前期做了大量的调研工作，结合变电站辅助系统发展总体趋势，在编写过程中，力图能指导工程实践，可为相关领域的教学、科研、生产实践提供一些参考依据，对后续建设变电站智慧型辅助控制系统具有指导作用。

鉴于当前技术快速发展，新技术、新设备不断涌现，变电站辅助监控系统也在快速的迭代中，本书虽经过认真编写、校对和审核，仍难免有疏漏之处，需要不断地补充，修订和完善，欢迎广大读者提出宝贵的意见和建议。

最后，编者对本书引用公开发表的国内外有关研究成果的作者及各制造厂家公开发表的科技成果的作者表示衷心的感谢！

编　者

2021 年 7 月

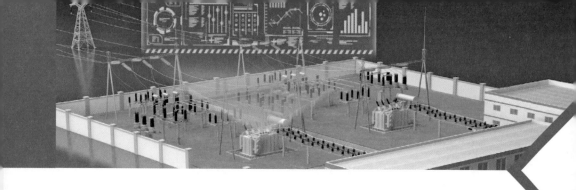

目　　录

第 1 章

概　述

1.1 建设背景与意义

1.1.1 建设背景

随着经济的发展、社会的进步、科技和信息化水平的提高以及全球资源和环境问题的日益突出，电网发展面临新课题和新挑战。发展智能电网、适应未来可持续发展的要求，已成为国际电力工业积极应对未来挑战的共同选择。期望通过一个信息网络系统将能源利用效率提高到全新的水平，将污染与温室气体排放降低到最低程度，使用户成本和投资效益达到一种合理的状态。坚强智能电网以坚强网架为基础，以集成的、高速双向通信网络为支撑，以先进的传感和测量技术、先进的设备技术、先进的控制方法以及先进的决策支持系统技术为手段，包含电力系统的发电、输电、变电、配电、用电和调度六大环节，覆盖所有电压等级，实现"电力流、信息流、业务流"的高度一体化融合。智能变电站是坚强智能电网的重要基础和支撑，是电网运行数据的采集源头和命令执行单元，与其他环节联系紧密，是统一坚强智能电网安全、优质、经济运行的保障。智慧型辅助系统的建设是智能变电站建设的关键之一。

在数据采集感知方面，初期变电站时代查看纸质数据完成工作，基本以文字为主，不够形象、直观，就像"数据堆"，可视化程度低下。数据需人工抄录，大多为纸质，难以查阅、不便保存、不够直观，监测设备缺乏维护，数据易失真，全面性和有效性没有保障。各子系统数据分散，各变电站数据封闭如同孤岛，数据没有集中性和共享性。随着计算机普及，开始大量运用表格、图表等数据形式，更易分析，在可视化上有所提升。随着互联网时代到来，信息快速积累导致信息复杂多样，图表形式已无法满足大而全面的信息量展示。

在数据传输与应用方面，早期变电站业务基本处于原始状态，全靠人工完成，巡检信息量零散，人为巡检、逐个排查、手动录入慢，消耗人力；巡检设备种类繁多，需人员更专业。落后的人为巡检费时费力，易忽视、误判，人力分析抢修复杂的设备，对专业性要求高。联合作业要在各部门间来回游走，需要各级进行作业票的抄送和审核，作业进度受到流程严重制约。作业现场实际情况无法第一时间获取，需要先到达现场检查情况，判定问题所在，再制定抢修方案，造成作业流程漫长，整体作业效率不高。部分需要联动作业的模块，因业务跨部门管理而效率降低，最终导致抢修效率低。智能变电站时代，构建平台用以联调松散的业务入口，协同互动，开始实现业务整合，但整合片面。机器人与人联合巡检，巡检人员负责部分巡检并对机器人监测结果进行校核，不够智能化。互联网平台在线分析和决策，指导抢修人员协同互动，多方联合抢修，缺乏大数据智能分析，作业缺乏全信息指导，作业效率低。从最早期的常规变电站到数字化变电站，台账大多为纸质档，调阅不易，没有系统收录和智能分析，对设备数量、损耗、隐患、成本和采购都难以全面认知，设备管理落后。信息化弱，无法及时了解人员动态，人员的考勤、作业情况和安全情况难以掌控。作业时需召集人员，现场指挥，受时间和空间限制，指挥效率低下。

1.1.1.1 现状分析

1. 作业层现状

（1）业务入口多操作繁杂：各系统独立建设，导致业务入口较多，作业人员操作手续繁杂。

（2）设备数据分散不便于调阅：设备数据分散于各系统，调阅全面数据费时费力，设备的巡检和抢修数据支撑力度不够。

（3）监测数据部分失真：部分装置监测数据长期缺乏有效管理，导致监测数据失真，不足以支撑设备状态评估与分析。

（4）抢修手段待优化：传统方式进行故障的抢修处置效率低，缺少智能化手段支持。

（5）巡检质量待提升：单一的巡检手段，无法保证诊断的准确性，缺少智能手段进行辅助验证。

（6）巡检效率待提升：现场巡检人员手动填单内容多，费时费力，且受时间和环境限制，无法随时了解站内情况。

2. 管理层现状

（1）智能设备建设规范缺乏统一标准：没有运维大数据支持，无法形成设备建设标准化规范，造成设备采购良莠不齐，设备信息化管理困难。

（2）系统整合建设缺乏核心技术底层：目前少数系统实现业务联动整合，但专业跨度较广、技术差异较大的系统整合无法进行，设备管理体系大，整合缺少核心技术底层。

（3）故障抢修效率/质量待提升：目前系统独立建设，业务联动较弱，故障抢修需要多级协同，业务联动较弱，故障抢修效率和质量影响较大。

（4）精益化管理待提升：数据分散、无关联、不易用，资产价值较低，对管理者缺乏数据支持，分析与决策能力不够。

（5）人员动态不可知：站内人员进出无感知，人员作业情况不可知，事故影像不可重现，人员管控缺乏智能精细化手段。

1.1.1.2　政策导向

国家电网公司发布的《国网设备部关于印发 2020 年设备管理重点工作任务的通知》中明确提出，坚持安全发展理念，落实设备管理责任，突出源头防范和综合治理，注重基础保障和状态管控，推进管理变革和技术创新，在设备管理"三化"（标准化、精益化、智能化）上下功夫，在设备管理"三全"（全寿命资产管理、全过程技术监督、全面质量管理）上求突破，提升设备管理质效，为公司高质量发展提供安全保障。主要表现在：

1. 设备管理"三化"

（1）需要统一智能设备建设规范达到标准化。

（2）需要提升数据资产价值达到精益化。

（3）需要增强技术和巡检手段达到智能化。

2. 设备管理"三全"

（1）需要对资产进行全生命周期化管理。

（2）需要对设备涉及的全业务过程进行技术监督。

（3）需要从业务、数据、质量、效率等多方面对设备运检质量管理。

1.1.2　系统定义

随着全球信息技术飞速发展，世界前沿关键性技术已经得到了广泛应用，如物联网、人工智能、大数据等技术。这些新技术的使用极大地提升了各行各业的生产力，必然也会对电网公司的设备管理产生积极作用。物联网技术在工业、农业、环境、交通、物流、安保等基础设施领域广泛应用，有效推动了智能化发展，使得有限的资源的使用分配更加合理，从而提高了行业效率、效益。

人工智能技术在计算机科学、金融贸易、医药、重工业、运输、远程通信等领域广泛应用，是高度发展的智能边缘物理，帮助企业完成具体工作，节省成本且高质高效。大数据技术对中国信息化建设、智慧城市、广告、媒体等领域起到了核心支撑作用，为精益、全面、智能地分析数据提供了前提。云计算产业规模增长迅速，应用领域不断扩展，从政府应用到民生应用，从金融、交通、医疗等全行业延伸拓展，大型超级计算机中心以其高效的运算速度为精益、全面、智能地分析数据创造了可能。

变电站智慧型辅助系统是运用物联网、人工智能、大数据、云计算等新兴技术，体现、实现运检管控精益、终端设备系统互联、大数据态势智能分析，包含安防系统、动环系统、火灾消防系统、视频监测系统、在线监测系统、变电站机器人巡检系统以及无人机巡检系统，是辅助变电站高质效运维管理的"全面辅控系统"（见图1-1）。辅助系统在各子系统实现对相关设备的数据采集或控制功能的基础上，调派各子系统分工协作最终实现变电站设备的全面监视和操作控制等功能。

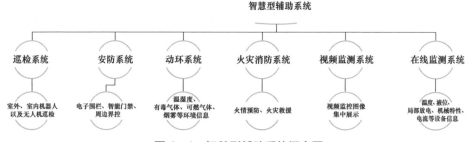

图1-1 智慧型辅助系统概念图

1.1.3 建设意义

1.1.3.1 作业提升

（1）辅控数据综合调用。综合辅控系统数据信息，业务需要时远程调阅数据，实现更高效的作业操作。

（2）业务数据全面易用。先进传感器技术，设备状态数据"全面感知"，云平台大数据智能分析数据，实现数据全面易用。

（3）业务智慧化。多样化巡检统筹，包括室外/室内机器人、无人机、AI摄像头、先进传感器等，实时智能监测、故障预测，提前修复。

1.1.3.2　管理提升

1. 设备管理精益化

（1）设备智能台账：支持大数据智能分析，设备资产全寿命周期管控。

（2）设备风险评估：动态分析设备潜在隐患，评估风险级别。

（3）成本精益核算：物资采购、安装、维护、大修等环节成本费用分析及自动分摊，强化物资招投标策略。

（4）综合环境整治：对不符合变电站发展要求的环控设备进行综合整治，保障设备的运行环境。

2. 数据分析智慧化

（1）隐患主动预警：对潜在安全隐患进行主动预警，并显示定位，防患于未然。

（2）人工智能深度学习：对处置结果进行深度学习，完善 AI 算法。

（3）大数据智能决策支持：对隐患/事故处置进行决策指导，对症下药。

3. 系统信息集中展示

视频图像数据、结构化数据集中展示设备状态感知、环境状态感知、智能周边界控、系统状态集中展示，包括设备温度、液位、局部放电、机械特征、电流等设备信息，环境温湿度、毒气、可燃气、烟雾等；电子围栏、智能门禁与周边界控。各子系统信息统一，合理编排，集中呈现（见图 1-2）。

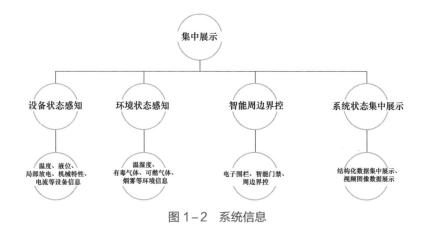

图 1-2　系统信息

4. 综合信息指挥

综合各子系统数据信息，统一获取各子系统业务数据，通过大数据智能分析，实现统一高效指挥，提升业务与管理质效。

5. 人员动态全掌握

（1）人员定位：识别人员位置和人员信息，人员出入有记录。

（2）安全管理：智能识别人员安防装备佩戴情况、操作情况、运动状态（如人员倒地等）以及遗失物品等。

（3）作业规范：通过对人员作业信息全过程查看，减少不按规程操作作业的风险，减少业务事故发生。

1.2 应用发展历程

1.2.1 常规变电站辅助设备

20 世纪 80 年代及以前变电站保护设备以晶体管、集成电路为主，二次设备均按照传统方式布置，各部分独立运行。随着微处理器和通信技术的发展，远动装置的性能得到较大提高，传统变电站的辅助设备逐步增加了"遥测""遥信""遥控""遥调"的四遥功能。

1.2.2 综合自动化变电站辅助设备

20 世纪 90 年代，随着微机保护技术的广泛应用以及计算机、网络、通信技术的发展，变电站自动化取得实质性进展。利用计算机技术、现代电子技术、通信技术和信息处理技术，对变电站二次设备的功能进行重新组合、优化设计，建成了变电站综合自动化系统，实现了对变电站设备运行情况进行监视、测量、控制和协调的功能。综合自动化系统先后经历了集中式、分散式、分散分层式等不同结构的发展，使得变电站设计更合理，运行更可靠。

1.2.3 数字化变电站辅助设备系统

2005 年以来，随着数字化技术的不断进步和标准在国内的推广应用，国内出现了基于 IEC 61850 的数字化变电站。数字化变电站具有全站信息数字化、通信平台网络化、信息共享标准化、高级应用互动化四个重要特征。数字化变电站辅助设备系统实现设备信息的网络化，以及断路器设备的智能化，而且设备检修工作逐步由定期检修过渡到以状态检修为主的管理模式。

1.2.4 智能变电站辅助设备监控系统

2009 年出现智能变电站辅助设备监控系统，采用先进、可靠、集成、低碳、环保的智能设备,以全站信息数字化、通信平台网络化、信息共享标准化为基本要求,自动完成信息采集、测量、控制、保护、计量和监测等基本功能,并可根据需要支持电网实时自动控制、智能调节、在线分析决策、协同互动等高级功能的变电站智能辅助设备监控系统。

1.2.5　智慧变电站辅助设备监控系统

2019 年国家电网公司试点建设 7 个智慧变电站(见图 1-3),实现变电站环境量、物理量、状态量、电气量进行全面采集,意在建设状态全面感知、信息互联共享、人机友好交互、设备诊断高度智能、运检效率大幅提升的智慧变电站。智慧型辅助设备监控系统应运而生。

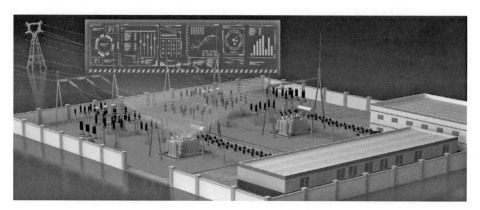

图 1-3　智慧变电站可视管控

1.3　主要研究方向

智慧型辅助系统充分运用了先进传感器、大数据、云计算、物联网等高新技术,达到设备状态"全面感知"、运检管控精益化、数据分析智能化、设备管理精益化、决策下达智慧化的目的,实现了变电站辅助系统智慧化发展。

1.3.1　物联网技术

智慧型辅助系统应用物联网技术,通过温度传感器、湿度传感器、风速传感器、水浸传感器、SF_6 传感器、摄像头、电子围栏和门禁等采集和识别现场信息,通过物联网实现信息汇聚、协同感知和泛在聚合,全面实现变电站智能运行管理。

1.3.2　先进传感技术

　　智慧型辅助系统采用先进传感技术对变电站环境量、物理量、状态量、电气量进行全面采集，智慧型辅控系统的每个子系统都离不开传感技术的运用，是保证智慧型辅助系统"全面感知"的重要基础技术手段。实现设备状态"全面感知"，达到检测数据全面化，为大数据决策提供基础。

1.3.3　大数据

　　智慧型辅助系统具有先进的大数据支持。变电站在长期运作中产生的各种历史数据无法再使用传统的数据库进行转存、管理和处理，需要具有更加强大的决策力、洞察发现力和流程优化能力的新模式来解决，将全面感知得到的数据上传至云平台，挖掘数据，实现数据分析智慧化和设备管理精益化，为决策下达智慧化提供前提。

1.3.4　人工智能

　　智慧型辅助系统运用人工智能技术对变电站场景实际情况进行全方位实时监测，并运用于安防系统。包括机器人联合巡检、无人机空中巡检、智能门禁以及智能锁、AI 摄像头等。利用人工智能设备将变电站的实时情况通过 5G 网络与物联网系统上传至智慧型辅助系统平台，比起以往的巡检手段，人工智能的运用使得巡检手段更为高级与全面，也是辅助系统智慧化的灵魂点，人工智能的运用使得变电站运维管理更便捷高效，实现了运检管控精益化。

1.3.5　云计算

　　智慧型辅助系统全面监控平台运用新型云计算技术，采用"云原生"模式，这意味着应用程序位于云中，而不是传统数据中心。随着互联网智能终端设备数量的急剧增加，以及 5G 和物联网时代的到来，传统云计算中心集中存储、计算的模式已经无法满足终端设备对于时效、容量、算力需求，成为云计算的重要发展趋势。

　　智慧型辅助系统全面监控平台借助云计算的能力下沉到边缘侧、设备侧，并通过中心进行统一交付、运维、管控的云原生技术，可以实现云—边—端一体化的应用分发。先进的传感技术和人工智能产生的实时历史大数据，汇集至智慧型辅助系统云平台，在海量边、端设备上统一完成大规模应用交付、运维、管控的诉求，是平台快速决策、高效运作和信息共享的主要保障。

1.4　发展趋势

　　深度智慧化是未来变电站发展的必经之路，变电站辅控系统正处于智慧化阶段。数字孪生变电站辅助设备监控系统是未来变电站辅控系统的建设趋势，采用"全面感知"的先进传感技术对变电站环境量、物理量、状态量、电气量进行全面采集，充分应用大数据、云计算、物联网、移动互联、人工智能等现代信息技术，体现本质安全、先进实用、面向一线、运检高效，实现状态全面感知、信息互联共享、人机友好交互、设备诊断高度智能、运检效率大幅提升的智慧变电站辅助设备监控系统（见图1-4）。

图 1-4　数字孪生变电站综合管控

1.4.1　数据采集—智慧感知

　　随着先进感知技术、软件技术的迅速发展，三维可视化因其直观形象且表达力强的特点成为信息展示的新技术，后来在此基础上出现了数模结合，发展出全新的"AR现实增强"，开启了通往高度可视化的大门。"AR现实增强"具有可视化强、表达信息量全面、信息传递精准高效的技术优势，将它引进电力行业，综合各子系统全专业信息结构化集中展示，通过全方位感知全专业设备实时状态数据，呈现于三维模型结构化数据中，可以很好地满足作业和管理的视觉需求，将成为未来发展的大趋势。

1.4.2 操作与控制—智能联动

作业层是变电站运维的双手，高质效的巡检、业务联动与抢修是变电站发展的保障。

新科技的出现与运用，将极大程度改善作业状况和作业模式。系统有效关联所有业务入口，各方联动作业，实现全专业业务联动。

智能机器人与无人机联合巡检，深度学习的智能机器人技术更先进，室内室外专业分工明确，实时排查设备，无人机实时高空巡检，增加了巡检手段，多维度地对变电站实时监察（见图 1-5）。同时对设备问题进行大数据智能分析，系统下达决策，指导抢修人员协同互动，多方联合进行高效抢修。

图 1-5　智能联合巡检

1.4.3 高级应用—智慧管理

管理是变电站运维的大脑，高效地运用信息，高质量地下达决策，推动变电站更好地发展。

智能变电站时代，随着智能化手段的运用，管理能力也有所提升。台账系统趋向智能化，对设备的数量、损耗、隐患、成本和采购能有比较清楚的判断，但缺乏大数据智能分析，判断不精确。安装全方位监控和门禁设备，对人员动态、考勤、作业情况和安全情况有更全面了解，但智能化手段不足，无法精确掌握情况。管理者依靠平台系统在线分析、下达决策、协调各方互动工作，摆脱了时间和地点的约束，开始向集约化发展，提升了工作效率，但缺少大数据智能分析，指挥质量待提升，没有全专业、全信息联动指挥，工作效率待提升。

随着大数据时代到来，新技术的发展，开启了智慧管理的道路。数据作为变电站运维的基础，在变电站发展历程中一直发挥驱动力，主要体现在数据全面、有效、集中和共享四个方面。新型的智慧变电站具有数据"全面感知"能力，支持云平台大数据智能分析数据、全专业数据联调，将内网和互联网联通以实现全变电站数据共享。

大数据智能分析，对设备的数量、损耗、隐患、成本和采购有精准的判断，实现设备管理精益化。安装智能门禁，识别人员信息，人员出入全记录；安装全方位 AI 智能摄像头，监测人员作业与安全。综合子系统数据信息，统一获取各子系统业务数据并进行大数据智能分析，高效决策，发挥综合信息、远程指挥优势，提升指挥质效。

参考文献

[1] Q/GDW 11509—2015. 变电站辅助监控系统技术及接口规范［S］.

第2章

总 体 要 求

2.1 总体架构

2.1.1 系统架构

变电站智慧型辅助系统（简称辅助系统）包括安防子系统、动环子系统、火灾消防子系统、视频子系统、在线监测子系统、变电站机器人巡检子系统及无人机巡检子系统。

在变电站部署辅助系统主机、正向隔离装置、网络安全监测装置、防火墙、服务网关机、消防信息传输控制单元等，部署辅助系统，通过Ⅱ区网通道与上级系统进行数据交互，通过正向隔离装置与在线智能巡视子系统进行智能联动。部署在线智能巡视子系统及无人机巡检子系统，通过Ⅳ区网通道与上级系统进行数据交互。

在变电站部署消防信息传输控制单元，在火灾报警控制器加装通信接口卡，将消防设备信息送至消防信息传输控制单元；在受控消防设备上增加压力变送器、水位变送器、电源电压等模拟量变送器，并将模拟量信号作为消防辅助信息接入消防信息传输控制单元；消防信息传输控制单元通过硬接线与受控消防设备连接，实现远程应急操作，接收动作反馈信号及线路故障信号，将消防信息以DL/T 860送至辅助系统和服务网关机。

在变电站部署视频监控工作站、辅助系统监控工作站，通过辅助系统监控工作站查看站端辅助设备运行状态，实现消防设备应急操作以及其他辅助设备远程控制；通过视频监控工作站进行站端监控画面浏览，查看变电站设备运行状态及火情研判。

系统拓扑架构图如图2-1所示。

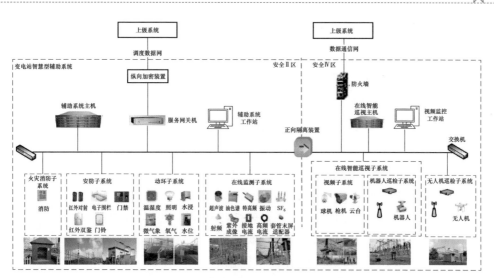

图 2−1　变电站智慧型辅助系统拓扑架构图

辅助系统在各子系统实现对相关设备的数据采集或控制功能的基础上调派各子系统分工协作，最终实现变电站设备的全面监视和操作控制等功能。

（1）安防子系统，实现对电子围栏、红外对射、红外双鉴的布防状态、防区告警、故障告警等信息的监视和相关控制。支持以下操作控制功能：

1）支持电子围栏、红外对射、红外双鉴等防入侵设备的报警信号确认。

2）支持系统布防/撤防的操作。

3）支持电子围栏检修挂牌。

4）支持开门、紧急开门控制。

（2）动环子系统，实现对室内外温湿度传感器、水浸、风机、空调、除湿机、水泵、照明等设备的监视和相关控制。支持以下操作控制功能：

1）支持空调运行状态（开启/关闭）、工作模式（自动、制冷、制热、除湿、送风）的控制，以及温度等调节。

2）支持风机的启动/停止控制、检修挂牌。

3）支持除湿机的启动/停止控制、检修挂牌。

4）支持水泵的启动/停止控制、检修挂牌。

5）支持温度、湿度、风速、雨量、水位等阈值告警配置，支持告警方式设置。

6）支持室内温湿度越限告警设置，自动控制空调（风机）启/停，运行模式调节等。

7）支持集水井水位报警自动控制水泵启动，报警恢复自动停止。

13

8）支持室端子箱内温湿度越限告警设置，自动控制加热器启/停。

9）支持控制多种照明回路控制方式。

（3）火灾消防子系统，实现对变电站消防告警信息、固定灭火装置动作及状态信息的监视和相关控制，支持对固定灭火装置操作控制。

（4）视频子系统，实现对视频设备的信息监视和相关控制，支持对视频设备的云台控制、镜头控制及点位控制。

（5）在线监测子系统，实现设备监测状态实时智能感知、实时监控。支持以下操作控制功能：

1）支持 SF_6、氧气浓度阈值告警配置，支持告警方式设置。

2）支持 SF_6 告警，自动提示排风机启动、确认操作。

3）支持 SF_6 告警，自动启动现场声光报警。

（6）机器人巡检子系统，实现对巡检机器人的信息监视和相关控制，支持对机器人车体、机器人本体及云台控制。

（7）无人机巡检子系统，实现对无人机巡检的信息监视和相关控制，支持对无人机自动飞行及手动飞行控制。

2.1.2 功能架构

辅助系统基于基础平台，实现运行监视、操作与控制、决策分析三类应用，根据业务流程及需求可进行场景化集成。II区主要实现辅助设备监视与控制、智能联动等应用功能，IV区主要实现在线智能巡视、设备状态监视、全景可视化、资产管理、主动预警等应用功能。系统功能架构如图 2-2 所示。

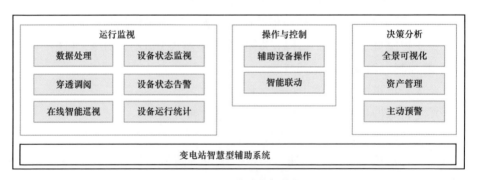

图 2-2 系统功能架构图

1. 数据处理

具备模拟量处理、状态量处理、非实测数据处理、数据质量码、旁路代替、对端代替、事件顺序记录、动态拓扑分析和着色、计算、光字牌、责任区与信息分流功能。

2. 设备状态监视

（1）应提供辅助设备实时告警界面，包括告警信息、越限信息、设备异常等内容，可实现分类过滤查看。

（2）应能对辅助设备故障、告警等信息按变电站、区域合并处理，可合并成安防总报警、消防总报警等信号。

（3）可查看辅助设备网络结构图，对辅助设备通信状态等信息进行监视。

（4）可查看辅助设备区域二维平面部署图。

3. 在线智能巡视

（1）支持对辖区内变电站监测数据、巡视信息、视频设备、缺陷等信息的多维度查询、统计及分析等功能。

（2）支持对站端巡视系统的统一管理，包括远程监控、任务管理以及视频监视等功能。

（3）接收主辅设备告警信息，并根据配置实现如视频实时预览、声光报警等方式的联动。

（4）支持告警联动配置、权限管理、日志管理、点位管理等配置功能。

4. 穿透调阅

（1）具备历史数据调阅功能。

（2）具备设备运行状态调阅功能。

（3）具备一、二次设备在线监测数据调阅功能。

（4）支持直接浏览变电站内完整的主辅设备画面和实时数据。

5. 设备状态告警

（1）可结合主设备负载、本体局部放电、冷却运行等特征信息，设备量测信息、辅控数据、在线监测数据等多源数据，进行主设备多维运行状态综合分析，对设备健康状态进行快速诊断。

（2）当诊断发现异常时，可自动进行设备异常或故障分析，对异常或故障状况进行快速定位与告警。

（3）可融合监测设备的横向数据进行负载、局部放电、设备冷却运行等状态的评估。

（4）应具备采用曲线、图表等方式展现设备分析结果的功能。

6. 设备运行统计

（1）支持按区域、设备类型等进行分类统计及展示。

（2）设备运行数值统计，包括最大值、最小值、极大值、极小值、平均值、总加值、三相不平衡率，统计时段包括年、月、日、时等。

（3）次数统计，包括故障告警次数、异常告警次数、越限告警次数、开关变位次数、保护动作次数、遥控次数等。

（4）统计结果可支持列表、图形展示及导出功能。

7. 辅助设备操作

（1）安全防范应支持以下操作控制功能：

1）支持电子围栏、红外对射、红外双鉴等防入侵设备的报警信号远方确认。

2）支持系统布防/撤防的远方操作。

3）支持电子围栏检修挂牌。

4）支持远程开门、紧急开门控制。

（2）动环应支持以下操作控制功能：

1）支持空调运行状态（开启/关闭）、工作模式（自动、制冷、制热、除湿、送风）的远方控制，以及温度等远程调节。

2）支持风机的远程启动/停止控制、检修挂牌。

3）支持除湿机的远程启动/停止控制、检修挂牌。

4）支持水泵的远程启动/停止控制、检修挂牌。

5）支持温度、湿度、风速、雨量、水位等阈值告警配置，支持告警方式设置。

6）支持室内温湿度越限告警设置，自动控制空调（风机）启/停，运行模式调节等。

7）支持集水井水位报警自动控制水泵启动，报警恢复自动停止。

8）支持室端子箱内温湿度越限告警设置，自动控制加热器启/停。

9）支持 SF_6、氧气浓度阈值告警配置，支持告警方式设置。

10）支持 SF_6 告警，自动提示排风机启动、确认操作。

11）支持 SF_6 告警，自动启动现场声光报警。

12）支持控制多种照明回路控制方式。

8. 智能联动

（1）安全防范系统入侵报警联动。

1）打开报警防区的灯光照明。

2）发送报警联动信号。

（2）消防系统火灾报警联动。

1）支持火灾报警相关区域门禁紧急开门。

2）联动开启现场灯光照明，启动现场声光报警。

3）支持现场风机的开启/关闭联动。

4）发送报警联动信号。

（3）环境监测越限告警联动。

1）室外微气象（台风、暴雨等）数据越限告警。

2）发送告警联动信号。

（4）SF_6 监测浓度越限联动。

1）SF_6 浓度越限告警，支持排风机启动。

2）发送告警联动信号。

9. 全景可视化

（1）对变电站进行数字孪生，生成变电站实景三维与实体三维。

（2）对变电站内各个场景、一次二次设备进行实体建模，提供组合式搜索。

（3）展现站所占地面积、地理位置信息及整体运行情况信息。

（4）数模结合可视化集中呈现全面状态，一体化多维度展示数模信息，包括三维模型、图片、视频、声音、动画、数据、表格、图表等。

（5）通过数字化模型在数字孪生环境中实现设备运行数据多维融合实时展现、运行趋势模拟等功能。

10. 资产管理

（1）对资产/设备名称、投运年限、外形尺寸、位置坐标、维护负责人等信息进行展示。

（2）采用基于设备预测性维护的数字孪生体架构，实现电网设备全生命周期数字化管理。

11. 主动预警

（1）支持人工智能与大数据智能分析，实现故障分析、故障精确定位和主动预警，提前预测设备隐患情况，减少设备损耗。

（2）支持预测设备风险，对全专业设备进行风险情况分析，得到风险评级和详细情况。

2.2　技术要求

2.2.1　接口要求

1. 满足 DL/T 860 通信协议

安防子系统、动环子系统、火灾消防子系统及在线监测子系统采集的监测数据通过 DL/T 860 通信协议接入辅助系统。

2. 满足 DL/T 104 通信协议

辅助系统通过服务网关机转换成 DL/T 104 通信规约与上级系统实现数据上送。

3. 满足视频接口 B 协议

视频子系统通过视频接口 B 协议，穿过防火墙与上级系统实现视频流共享。

2.2.2 性能要求

1. 可用性

（1）监控主机、工作站和服务器的 CPU 平均负荷率：正常时（任意 30min 内）≤30%，突发事件时（10s 内）≤50%。

（2）网络平均负荷率：正常时（任意 30min 内）≤20%，电力系统故障时（10s 内）≤40%。

2. 可靠性

满足以下可靠性要求：

（1）关键设备平均故障间隔时间＞20 000h。

（2）由于偶发性故障而发生自动热启动的平均次数＜1 次/2400h。

3. 实时性指标

在正常网络带宽的情况下，满足以下实时性要求：

（1）用户登录时间≤4s。

（2）系统时间与标准时间的误差＜1s。

（3）系统最小运行方式黑启动时间＜15min，全系统黑启动时间＜30min。

4. 消防信息传输控制单元使用环境

室内设备环境要求如下：

（1）温度要求：室内设备−5～+45℃。

（2）相对湿度要求：5%～95%（无凝露、不结冰）。

5. 视频子系统性能

系统满足以下性能要求：

（1）系统可用率＞99%。

（2）系统平均无故障工作时间 MTBF＞50 000h。

（3）系统平均维护时间 MTTR＜0.5h。

（4）计算机 CPU 负荷率平均＜30%。

（5）报警切换响应时间＜3s。

（6）视频传输帧速率 12～25 帧/s，可调。

（7）监控界面显示与实际事件发生时间差＜4s。

（8）标准 H.264、265 流媒体传输技术。

（9）系统运行日志以及告警日志可以保存 2 年以上。

6. 机器人巡检子系统性能

系统满足以下性能要求：

（1）符合 Q/GDW 11513.2《变电站智能机器人巡检系统技术规范　第 2 部分：监控系统》中第 7.1 章的规定。

（2）系统平均无故障工作时间 MTBF≥3000h。

（3）红外测温误差≤±2℃或±2%。

（4）表计读数误差＜±5%。

（5）最大接入巡检点位数量≥20 000 个。

7. 辅助系统性能

系统满足以下性能要求：

（1）系统可用率＞99%。

（2）系统平均无故障工作时间 MTBF＞50 000h。

（3）系统平均维护时间平均修复时间＜0.5h。

（4）计算机 CPU 负荷率平均＜30%。

（5）报警切换响应时间＜3s。

（6）事件报警到系统记录相应显示界面时间差＜4s。

2.2.3　主备要求

采用服务冗余部署方式，确保系统服务保持稳定状态。

2.2.4　电源要求

采用 2 套独立的 UPS 或直流电源分别为变电站辅助主备系统供电。保证辅助系统监控主机、交换机、服务网关机、巡检主机、视频录像机等设备不间断供电。

2.3　安全防护要求

2.3.1　有线设备接入防护要求

有线设备接入通过电力监控系统专用的网络安全监测装置，实现了对变电站站控层主机设备、网络设备、安防设备的监视与告警，能够实时掌握站内主机的外设接入、网络设备接入、人员登录等安全事件。

网络安全监测装置遵循网络安全监视与管理体系，按照"监测对象自身感知、网络安全监测装置分布采集、网络安全管理平台统一管控"的原则，构建电力监控系统网络安全监视与管理体系，实现网络空间安全的实时监控和有效管理。

1. 网络安全监测装置产品性能参数

（1）采集信息吞吐量≥600 条/s。

（2）支持监测对象数量≥100。

（3）硬件内存≥4GB，存储空间≥250GB。

（4）对上传事件信息的处理时间≤1s。

（5）对远程调阅的处理时间≤3s。

（6）具备不少于 4 个 10M/100M/1000M 自适应以太网电口（支持网口扩展），采用 RJ 45 接口。

（7）支持采集信息的本地存储，保存至少半年的采集信息。

（8）支持上传事件信息的本地存储，保存至少一年的上传事件信息。

（9）本地日志审计记录条数≥10 000 条。

（10）通过 IRIG－B 同步，对时精度≤1ms；通过 SNTP 同步，对时精度≤100ms。

（11）在没有外部时钟源校正时，24h 守时误差应不超过 1s。

（12）平均故障间隔时间≥30 000h。

网络安全监测装置自身具备基本的安全性，满足如下要求：

（1）不得内置后门，不存在缓冲区溢出等安全漏洞。

（2）具备检测并抵御各种常见网络攻击的能力及抵御渗透攻击的能力。

（3）关闭通用的网络服务及端口。

（4）不使用 HTTP/HTTPS 协议进行通信。

（5）采用基于调度数字证书的认证技术保障基线核查、命令控制、配置管理、软件升级等服务代理功能的安全性。

2. 其他防护要求

（1）辅助终端设备包括变压器监测终端、开关监测终端、容性设备/避雷器监测终端、安防监控终端、门禁监控终端、锁控监控终端、动环监控终端。

（2）布置于站内室外、缺乏物理安全防护的辅助终端设备，身份认证安全防护要求与汇聚节点相同。

（3）布置于室外的辅助终端设备关闭设备调试接口，防范软硬件逆向工程。

（4）布置于室外的辅助终端设备支持本地及远程升级，并校验升级包的合法性。

2.3.2　机器人接入防护要求

1. 机器人无线安全

机器人终端与服务器之间通过无线 WiFi 的形式进行数据传输，较有线传输的方法，无线 WiFi 存在诸多信息安全风险，无线网络一旦被攻破，就有可能侵入电力系统内网，造成不可估量的后果，所以对无线安全采取措施至关重要。

（1）设备 IP 地址防护。网桥设备的 IP 地址只作为设备的管理 IP，不参与局域网内部数据通信。第三方或者攻击者无法从局域网中抓取到基站内部 IP 数据包，无法篡改和窃听基站内部数据，也无法通过 IP 欺骗与重放攻击等多种网络非法手段对基站发起攻击，加强了基站在网络中的安全性。

（2）软件登录加密。无线网桥设备选择不支持 Web 登录方式的配置，只可通专用调试软件才能对设备进行登录配置。软件在登录时需要输入设备的用户名与密码，并且同时支持设备 IP 和 MAC 地址这两种登录方式。第三者即使知道设备 IP/MAC，无设备的专用软件及密码，也无法通过 Web 界面对设备进行任何操作。

（3）无线协议加密。为保证数据在无线链路传输过程中的完整和安全性，内置的多种加密协议都可以对无线链路进行加密，以确保数据的完整和安全性。其中最常用的无线网络加密方式主要有两种，分别是 WEP 和 WPA2（秘文加密协议）。WEP 就是对等保密，在链路层采用 RC4 对称加密技术，用户的加密密钥必须与无线接入点的密钥相同时才能获准存取网络的资源，从而防止非授权用户的监听以及非法用户的访问。WEP 提供了 40 位（有时也称为 64 位）、128 位乃至 152 位长度的密钥机制。通过 WEP 等无线网络加密技术可以保证无线局域网中数据发送和接收的安全性，防止非法用户入侵网络。WEP 加密位数越高，破解难度越大，安全系数也就越高。在使用无线设备时，要使用支持一样的加密位数，才能互相通信。

（4）TDMA 技术。TDMA（时分多址）是把时间分割成周期性的帧（Frame），每一个帧再分割成若干个时隙向基站发送信号，在满足定时和同步的条件下，基站可以分别在各时隙中接收各移动终端的信号而不干扰。同时，基站发向多个移动终端的信号都按顺序安排在给定的时隙中传输，各移动终端只要在指定的时隙内接收，就能在合路的信号中把发给它的信号区分并接收下来。TDMA 技术是多倍通网桥设备独有的，其他网桥不支持协议，因此其他网桥客户端即使可以搜索到基站，也无法和基站进行无线连接与通信。

（5）隐藏基站（Service Set Identifier）和 MAC 绑定。隐藏（Service Set Identifier）（即将基站无线网络名称隐藏），防止第三者恶意攻击或者破解，保护基站内部网络资源等。因此可以将基站的无线名称（Service Set Identifier）设置为隐藏状态，只有管理员授权的客户端可以和基站进行连接与通信，其他无线客户端就无法嗅探和搜索到基站的 SSID（Service Set Identifier），无法和基站建立连接，加强了基站的安全性，同时在 AP 端锁定巡检设备内部使用网络设备的 IP 地址和 MAC 地址，防止其他无线设备的接入。

2. 机器人站端改造

目前机器人本体数据通过无线传输至后台服务器，为解决终端安全接入与公网通道传输数据的保密性问题，解决接入对象的身份认证与访问授权问题，在机器人本体与机器人后台间建立加密隧道传输数据，通过安全接入装置的新增，实现安全数据过滤系统对终端访问控制策略的制定、安全审计，可以有效地抵御安全风险。数据安全接入改造涉及机器人后台服务器、机器人本体、充电房、微气象。

数据安全接入改造后机器人本体数据加密后通过无线传输至后台服务器，故后台服务器需加装安全接入装置模块用于加解密，获取通信数据。

因充电房门禁和微气象等设备与原机器人后台服务器为有线连接，安全接入改造后未通过机器人本体端的安全接入装置加密，故需要将此类原先以有线连接的设备和机器人后台服务器独立于安全接入装置组网。

机器人本体安全改造主要在机器人本体天线前加装安全接入装置，从而机器人本体所有设备都通过安全接入装置收发数据。机器人站端改造如图 2-3 所示。

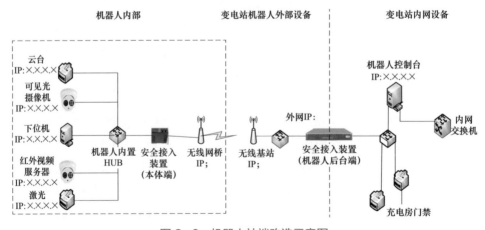

图 2-3 机器人站端改造示意图

安全接入装置与机器人站内系统集成后，可通过机器人客户端控制机器人前行、后台、云台旋转，能获取可见光视频内容，能获取可红外视频内容，另外对有线连接设备如微气象数据、充电房门控制等功能正常。

3. 站端接入内网

在现有机器人组网方案的基础上，每台巡检机器人加装安全接入代理模块，机器人通过集成微型安全接入代理模块与部署在变电站侧（专网与内网边界处）微型安全采集装置进行身份认证、数据加密，对数据实行"端到端"防护，确保数据不被窃取、终端不被恶意操控。

在巡检机器人端采用 2.4G/5.8G WiFi 与后台 AP 端进行无线网络通信，将实时巡检数据发送至后台客户端数据库中；后台客户端将该数据进行处理后，通过硬件防火墙进入内网。机器人安全接入如图 2-4 所示。

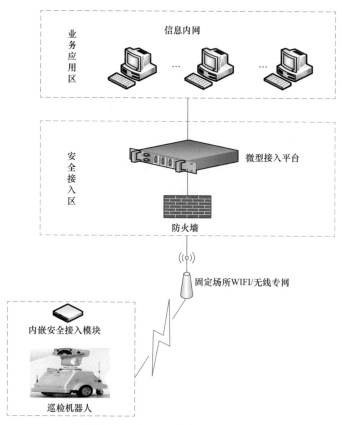

图 2-4　机器人安全接入示意图

为保障无线网络的安全性能，无线网络端做如下安全防护措施：巡检设备内嵌安全接入平台模块，通过安全无线设备与微型安全接入平台微型装置进行身份认证；将实时巡检数据通过安全芯片加密后发送至安全接入平台微型装置，通过微型装置进行解密发送给主站；主站下发指令通过安全接入平台微型装置进行加密给巡检设备，巡检设备通过公用秘钥进行解密后进行指令操作。

为了进一步保证巡检设备无线网络安全，在客户端后台另外加装了一台硬件防火墙，将巡检设备无线网络与国家电网内部网络进行隔离。在硬件防火墙端同样锁定访问设备的 IP 和 MAC 地址，与此同时启动硬件防火墙多项防护功能，例如：① 对下联单位用户访问进行控制；② 对用户访问的数据包进行过滤；③ 对移动用户的身份进行鉴别；④ 对用户 MAC 地址进行验证，防止 MAC 地址欺骗。

通过开启上述无线网络端和硬件防火墙端的双重防护之后，能够充分保障巡检设备无线网络的安全，从而保障国家电网内部网络的安全。

2.3.3　无人机接入防护要求

无人机采用电力专用 SIM 卡 + TF 加密卡方式，通过双向身份认证、双向数据加密安全方式接入变电站内网。无人机安全接入如图 2-5 所示。

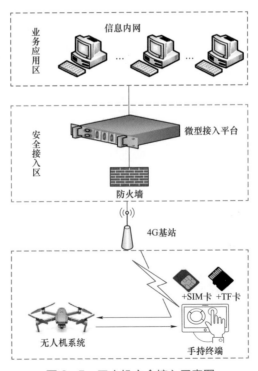

图 2-5　无人机安全接入示意图

1. 无人机飞行通信安全

无人机与地面站的通信方式包括无线电、无线数传、WiFi 和无线图传，无人机在不同的通信链路上都存在不同程度的安全威胁，主要为对无线传输数据的窃听、干扰以及对无人机网络传输内容的篡改和身份的认证，使得无人机无法接收控制命令，失去执行任务的能力，甚至遭到毁坏。业界通常采用通信信道加密和算法认证、设计更为高效的密钥管理协议以及多点位验证等方法提高通信的安全性。

2. 接入加密安全

无人机接入通过在无人机控制器加装电力专用 SIM 卡 + TF 加密卡方式，依赖 4G 专网接入安全接入平台。

（1）物理安全：安全接入平台部署在省公司机房内，按照所处机房内最高等级系统进行防护。

（2）接网与配置安全：安全接入平台按照业务防护方案启用安全防护策略，禁止采用默认配置；安全接入平台割断未通过身份认证终端与管理信息大区的连接；定期更新安全接入平台固件版本。

（3）证书安全：安全接入平台和无人机的数字证书必须符合国家电网公司数字证书签发要求，由国家电网公司相关证书签发机构统一签发，禁止私自签发数字证书；无人机与安全接入平台各类加解密操作必须采用国产密码算法确保设备间信息传输之间的安全。

（4）数据安全：无人机利用配备的加密措施（SIM 卡 + TF 卡加密）对采集、存储和传输数据进行加密，禁止采用默认配置策略；在无人机本地展示的数据采用关键字段隐藏的方法对敏感数据进行脱敏处理。

（5）身份鉴别：无人机与安全接入平台采用国产密码算法进行双向身份鉴别；定期协商通信数据加密密钥，协商周期控制在 8h 内。

3. 安全接入网关产品参数及功能

安全接入网关产品参数见表 2-1。

表 2-1　　　　　　　　　安全接入网关产品参数

技术参数项	参　　数
处理器	至少采用 4 核处理器，板载 SOC 设计
内存	至少具有 1 个 DDR3 内存插槽，至少支持 4GB 内存容量
网络接口	至少配备 4 个千兆以太网电口，1 个 RS 232 串口，外观为 RJ 45 形式
通道建立时延	<10ms（1000M 以太网情况下）

续表

技术参数项	参　数
数据转发时延	＜100ms
明文吞吐量	≥800Mbit/s（在 1024 字节报文长度的情况下）
密文吞吐量	≥80Mbit/s（在 1024 字节报文长度的情况下）
最大并发 TCP 连接数	＞1000 个
每秒新建最大 TCP 连接数	＞50 个
并发 IPSEC 连接数	300 个
加密卡支持	至少支持 1 个 PCI－E×4 网络扩展插槽
对时精度	≤100ms
平均故障间隔时间	≥30 000h
整机平均功耗	≤110W
尺寸大小	≤2U
电源	100～240VAC，50～60Hz
温度	工作温度：0～50℃；存储温度：－40～＋70℃
湿度	工作湿度：10%～90%RH 存储湿度：5%～95%RH

安全接入网关产品功能见表 2-2。

表 2-2　　　　　　　　安全接入网关产品功能

模块	功能项	功能描述
终端身份认证模块	双向数字证书认证	基于数字证书对通信终端和安全接入网关实现双向认证功能
	终端 ID 认证	基于终端 ID 的身份认证
	双因素认证	基于数字证书和终端硬件 ID 组合方式的强身份认证
数据加解密模块	认证加密	基于国产密码算法实现对认证过程中的加解密功能
安全通信模块	动态密钥协商	实现通信终端和安全接入网关间基于国产密码算法的密钥协商功能，实现动态密钥协商、密钥更换、密钥销毁等功能
	网络访问控制	进行网络层安全访问控制，对终端可访问的主站服务进行严格限制
	加密隧道管理	实现通信终端和安全接入网关的双向加密隧道，实现通信终端数据的安全保密传输等功能
配置管理模块	配置管理	实现对内网服务配置、隧道配置、路由配置、网络参数配置、证书认证配置、会话监控等配置管理功能

模块	功能项	功能描述
信息上报模块	信息上报	对终端接入、认证信息，对主机的 CPU、内存、网络等信息进行实时上报功能
防火墙配置	网络攻击防护	配置防火墙模块，实现以下功能：防止 DOS/DDOS 攻击、防止 CC 攻击、阻挡欺诈 IP 地址的访问、ARP 攻击等

2.3.4　无线传感器接入防护要求

1. 无线接入要求

无线传感器、汇聚节点和无线辅助监控终端的接入，采用双向身份认证、通信链路加密等安全措施，如图 2-6 所示。

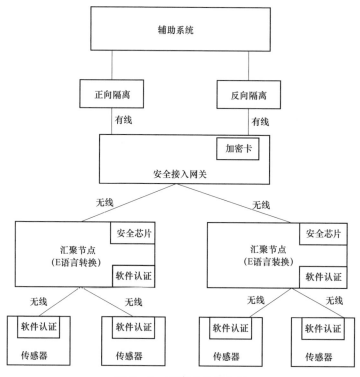

图 2-6　无线安全接入图

（1）无线传感器与汇聚节点之间的通信满足如下技术要求：

1）与汇聚节点之间采用 TCP/IP 网络协议时，采用硬件或者软件模块进行双向身份认证和数据加密，软件模块可采用 SM2、SM9 等国产密码算法实现。

2）无线传感器与汇聚节点之间采用非 TCP/IP 的专用网络协议时，采用具有加密认证功能的传输协议，如 LoRaWAN、NB - IoT 等，并支持国产密码算法。

3）无法满足 1）、2）要求时，网络安全防护方案需经过国家电网公司网络安全专家的评估。

4）无线传感器与汇聚节点相互通信时，在网络协议、数据格式、数值有效性上进行过滤和校验，防御各种注入攻击。

（2）汇聚节点满足如下技术要求：

1）接入传感器时在网络协议、数据格式、数值有效性上加强过滤和校验，并实现身份认证。

2）汇聚节点与安全接入网关相互通信时，采用电力专用安全芯片或者硬件安全模块（TF 卡等），通过国产密码算法实现双向身份认证和数据加密。

3）数据传输宜采取端对端认证、加密通道等方式，增加身份认证、数据完整性验证。

4）将传感器上送的采集数据转换成 E 语言格式数据，再发送给安全接入网关。

5）具备生成 E 语言格式数据功能，传输 E 语言格式数据至安全接入网关，能监测 E 语言格式数据的有效性确保数据上送安全。

（3）无线安全接入网关满足如下要求：

1）满足电网安全接入对安全接入网关的要求。

2）采用国产四级安全操作系统和国产可信计算模块，基于可信根对系统引导程序、系统程序、重要配置参数和应用程序等进行可信验证，并在应用程序的所有环节进行动态可信验证。

3）符合《中华人民共和国密码法》相关要求，支持 SM1/SM2/SM3/SM4 国产密码算法。

4）采用双向认证实现终端安全接入，可支持 1000 个终端并发连接。

5）针对接入终端类型，提供配套的安全芯片、安全 TF 卡、安全薄膜卡等接入解决方案。

6）支持国产密码标准 SSL 安全认证协议，支持应用透明传输。

7）支持 LoRaWAN、NB - IoT 等非 TCP/IP 协议安全接入。

8）对特定的电力协议、接口等进行安全过滤，支持白名单、规则等方式。

9）配置电力专用加密卡，能够与反向隔离装置进行双向认证和加密通信。

2. 无线汇聚节点

（1）基本功能。

1）通信过程符合电网公司相关无线安全接入标准要求。

2）采集接入无线传感器运行状态值，包括正常、故障、低电池等信息并上送至综合应用主机。

3）接收综合应用主机下发的无线传感器配置指令，灵活配置无线传感器休眠周期、工作频点、报警门限等参数。

4）指令下发：接收综合应用主机下发的休眠时间、告警门限、工作频段等参数的配置指令和无线设备 ID，并向下转发至无线传感器。

5）支持自组网技术及节点间多跳通信，实现不同业务场景下的灵活组网（链状或树状组网）。

6）内嵌安全加密芯片，对数据进行安全加密处理，通过无线或有线网络与综合应用主机进行数据交互。

7）支持 E 语言转换功能，将无线传感器上传的数据信息转换为 E 文件形式上报。

8）支持黑白名单功能，实现传感器或汇聚节点设备认证功能，禁止非授权设备接入。

（2）主要技术参数（见表 2-3）。

表 2-3　　　　　　　　　　无线汇聚节点主要技术参数

技术参数名称	技术指标要求	备注
通信频率	470～510M；2.4～2.5GHz	
天线增益	＞3.5dBi（全向）	
辐射功率	≤50mW（470MHz）；≤10mW（2.4GHz）	
接收灵敏度	-91dBm	
通信距离	＞500m（470MHz，外置天线，电力塔装空旷环境中）	
可管理终端数量	1000 个	
工作温度	-40～+85℃	
功耗	＜5W	
供电方式	AC 220V 或 DC 24V	
封装	IP65	
接入方式	有线或微功率无线（LORA 470～510MHz/2.4GHz 或者 NB-IOT）	

（3）接口要求。宜采用 TCP/IP、LoRaWAN、NB-IoT 等协议，接入各种无线传感器。

参考文献

[1] Q/GDW 10517.1—2014. 电网视频监控系统及接口 第 1 部分：技术要求 [S].

[2] DL/T 860—2002. 变电站通信网络和系统 [S].

[3] DL/T 634.5104—2009. 远动设备及系统 第 5-104 部分：传输规约—采用 标准传输协议集的 IEC 60870-5-101 网络访问 [S].

第**3**章

安 防 子 系 统

3.1 系统组成与架构

变电站安防系统作为变电站辅助设备监控系统的子系统，包括门禁设备、电子围栏、视频监控、红外对射探测器、双鉴探测器、就地模块等主要设备，监控信息接入辅助设备监控系统，实现安防设备数据采集、运行监视、操作控制、对时、配置、数据存储以及智能联动管理。

变电站辅助设备就地模块接入安防子系统数据并进行分析预警控制，将安防信息上传至辅助设备监控系统，由辅助设备监控系统进行预警控制展示。就地模块将安防信息经辅助设备运检网关机上送至辅助设备集中监控系统。

辅助设备监控系统与辅助设备集中监控系统之间通过调度数据网实现信息交互。

安全防范网络拓扑架构如图3-1所示。

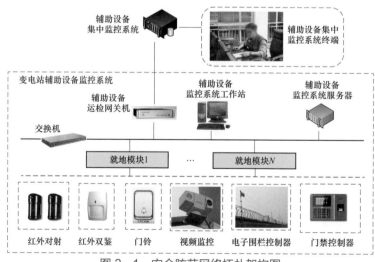

图3-1 安全防范网络拓扑架构图

3.2 安防系统功能

3.2.1 基础业务功能

1. 数据采集

变电站安防系统应支持门禁、防入侵设备的告警信息、运行数据、工况信息、历史记录等数据采集、处理等功能。

2. 运行监视

（1）以平面图、列表等多种画面方式实时展示门禁、防入侵设备的运行状态、数据信息、告警提示等。

（2）支持安防设备在平面图运行监视界面下的控制。

（3）支持以曲线、棒图、饼图等方式展示安防、防入侵监视数据信息。

（4）支持各类联动的可视化配置与联动监视。

（5）支持告警信息独立视窗监视与告警提示、确认的配置与控制。

3. 操作控制

（1）门禁系统。

1）实现门禁设备的远方配置、授权以及远方开门等功能。

2）实现门禁设备的故障告警远方确认、设备远方复位功能。

3）实现出入信息记录、历史数据查询、远方备份等功能。

4）支持多种开门策略控制，如刷卡开门、密码开门、卡＋密码开门等策略设置。

5）变电站大门出入口，宜支持远方呼叫控制、音视频通话、电动门控制功能。

（2）防入侵系统。

1）实现防入侵设备信息修改、告警信息确认，远程联动配置。

2）支持系统远方布防、撤防操作，设备远方复位功能。

4. 告警处理

（1）支持告警信息分级、分区处理及展示功能。

（2）告警信息应全面，统一规范上传。

（3）告警的人工抑制功能，避免频繁出现告警误报。

（4）告警信息应有时标，精确到秒级。

（5）报警信息不得丢失和漏报。

（6）支持远程解除警报与设备复位功能。

5. 自检功能

系统应具备对探测器通信回路自检的功能，各探测器、就地模块应具备自检功能。

6. 通信功能

辅助设备就地模块通过 RS 485 通信接口采集电子围栏控制器信号，实现分析预警功能并将实时参量及告警信息通过 DL/T 860—2006《变电站通信网络和系统》协议上送至辅助设备监控系统，DL/T 860—2006 应符合国际电工委员会标准 IEC 61850 以及 DL/T 860—2006 要求。

3.2.2　高级应用功能

1. 门禁系统

（1）支持门禁设备（门铃）与视频设备的联动控制：刷卡开门时，应能够联动相应视频摄像机，实现持卡人员图像比对。

（2）支持门禁设备（门铃）与灯光设备的联动控制：刷卡开门时，应能够联动相应区域灯光开启。

（3）支持门禁设备与消防系统的联动控制：当发生火警时，应能够联动相应区域门锁打开。

2. 防入侵系统

（1）支持防入侵设备与视频设备的联动控制：安防系统报警时联动摄像机对入侵点进行抓拍并实时存储录像。

（2）支持防入侵设备与门禁设备的联动控制：当门禁控制系统发现人员闯入后，联动安防报警装置进行报警。

（3）支持防入侵设备与灯光设备的联动控制：安防系统报警动作时自动启动现场照明系统。

3.2.3　系统管理功能

1. 对时功能

（1）时钟源应采用统一的时间同步系统。

（2）服务器、终端宜采用简单网络时间协议（Simple Network Time Protocol，SNTP）对时方式。

2. 参数设定

系统应支持参数设置，对告警定值和其他通用参数进行设置。

3. 权限管理

（1）具备门禁用户分级管理、权限配置管理功能，授权方式包括辅助设备（集中）监控系统工作站统一授权、门禁控制器处刷卡申请远方授权两种方式。

（2）具备辅助设备监控系统各级用户对门禁、防入侵设备控制权限设置。

4. 数据管理

（1）实时数据库管理。实时数据库管理应满足以下要求：

1）应提供实时数据库维护工具和图形界面，以便用户在线监视、查询、排序和属性修改等。

2）宜支持按照地区→运维班→变电站→监控区域→安防设备树方式多层次综合展开显示监控模型。

3）应允许不同任务对实时数据库内的同一数据进行并发访问，要保证在并发方式下数据库的完整性和一致性。

4）数据库应具备完备的检错功能，所有输入条目在被写入数据库前都应通过完备的有效性及合法性检查，并能给出明确详细的提示。

5）数据库维护应包括单点及批量增加、删除、拷贝、修改数据库参数等操作。

6）数据库的所有操作和修改必须具备完善的权限管理机制，根据操作人员的权限及当前的应用开放可显示/编辑的域。

7）数据库的所有改动操作必须具备完备的日志功能，记录的内容包括但不限于操作人、操作时间、修改的域及修改前后的内容等，并提供人机界面以方便查询。

（2）历史数据库管理。历史数据库管理应满足以下要求：

1）系统应提供访问历史数据库的接口，进行历史数据的查询和处理。

2）历史数据库中的数据类型主要包括历史统计数据、告警信息等。

3）历史数据应可按时间导出。

4）应能自动根据存储空间发出历史数据整理提醒，可自动按照事先约定的规则删除整理。

（3）维护数据库管理。维护数据库管理应满足以下要求：

1）具备维护数据库的人机管理界面，提供数据的增加、删除、修改等操作。

2）维护数据库中的数据类型主要包括设备模型数据、系统配置数据等。

3）设备模型数据可导出为 Excel 文件。

5. 配置管理

（1）用户及权限管理。

（2）门禁、防入侵设备的接入管理。

（3）门禁、防入侵设备配置参数管理。

（4）告警配置管理。

（5）联动关系配置及展示管理。

（6）矢量图形绘制及管理。

（7）数据采集周期设置。

3.3　设备性能指标

3.3.1　通用要求

1．系统性能

（1）可用性。

1）年可用率≥99.9%。

2）运行寿命＞5 年。

（2）可靠性。

1）系统的设计应充分考虑其工作条件下的各种影响因素,应能长期可靠工作,关键设备平均无故障工作时间 MTBF＞20 000h。

2）系统的局部故障不能影响整个安防系统的正常工作。

3）系统的安装不影响现场设备的安全运行。

（3）实时性指标。在正常网络带宽的情况下,应满足以下实时性要求:

1）变化状态量从站端系统至集中监控系统通信服务器传送时间≤2s。

2）遥控量从选中到命令送出集中监控系统≤2s。

3）系统时间与标准时间的误差≤1s。

4）系统从断电后重启至恢复正常运行的黑启动时间≤15min。

（4）系统负载率指标。应满足以下系统负载率指标要求:

1）各服务器和终端的 CPU 平均负荷率:正常时（任意 30min 内）≤30%,系统故障时（10s 内）≤50%。

2）网络平均负荷率:正常时（任意 30min 内）≤20%,系统故障时（10s 内）≤40%。

（5）存储容量指标。应满足以下存储容量指标要求:

1）监测数据的历史数据存储时间＞1 年。

2）监测日志数据存储时间＞1 年。

2. 电源要求

（1）额定电压：AC 220V，允许偏差为±15%。

（2）频率：（50±1）Hz。

（3）谐波含量：≤5%。

（4）应采用辅助汇控箱电源模块供电。

3. 使用环境

室内设备适用环境要求如下：

（1）环境温度：−5～+45℃。

（2）环境相对湿度：10%～95%（不凝露、不结冰）。

室外设备适用环境要求如下：

（1）环境温度：−40～+70℃。

（2）环境相对湿度：5%～95%（不凝露、不结冰）。

（3）盐雾：对沿海及户外使用的设备，应符合 GB/T 2423.17《电工电子产品环境试验　第 2 部分：试验方法　试验 Ka：盐雾》的要求。

4. 结构与外观

（1）应便于整体安装、拆卸及更换。

（2）产品的金属零件应经防腐蚀处理，所有零件应完整无损，产品外观应无划痕及损伤。

（3）产品零部件、元器件应安装正确、牢固，并实现可靠的机械和电气连接。

3.3.2　主要部件性能指标

1. 辅助设备就地模块

（1）功能要求。

1）具备 4～20mA 模拟量采集功能，采集值扩大 1000 倍整型输出。

2）具备 DC 24V 开入量接入功能。

3）具备开出功能，依据环境监测系统指令进行开出。

4）具备自检和告警功能。

5）对上通信应采用多模光纤，传输协议采用 DL/T 860，DL/T 860 通信协议应符合国际电工委员会标准 IEC 61850 以及 DL/T 860《变电站通信网络和系统》要求。

6）模块出厂时内置与监控系统通信的标准配置文件，默认 IP 地址为

A.B.C.×××，默认 IEDName 为 IEDName×××（IP 地址可以通过面板按键或拨码开关设置，IEDName×××根据 IP 地址自动生成）。

（2）技术要求。通用就地模块技术要求见表 3－1。

表 3－1　　　　　　　　　　通用就地模块技术要求

技术参数名称	技术指标要求
光纤口通信	2 个光口及以上
模拟量接入	8 路 4～20mA
开入	16 路 DC 24V 开入
开出	8 路继电器触点开出
工作电压	AC 220±20% V 50Hz
工作温度	－40～＋70℃

2. 辅助设备 RS 485 就地模块

（1）功能要求。

1）具备 RS 485 接入功能，通信协议采用 Modbus RTU。

2）具备自检和告警功能。

3）对上通信应采用多模光纤，传输协议采用 DL/T 860—2006，DL/T 860 通信协议应符合国际电工委员会标准 IEC 61850 以及 DL/T 860《变电站通信网络和系统》要求。

4）模块出厂时内置与监控系统通信的标准配置文件，默认 IP 地址为 A.B.C.×××，默认 IEDName 为 IEDName×××（IP 地址可以通过面板按键或拨码开关设置，IEDName×××根据 IP 地址自动生成）。

（2）技术要求。辅助设备 RS 485 就地模块技术要求见表 3－2。

表 3－2　　　　　　　　辅助设备 RS 485 就地模块技术指标

技术参数名称	技术指标要求
光纤口通信	2 个光口及以上
串口通信	5 路 RS 485
工作电压	AC 220±20%V 50Hz
工作温度	－40～＋70℃

3. 门禁系统就地模块

（1）功能要求。

1）具备 DC 12V/DC 24V 电源，为前端探测器供电。

2）具备自检和告警功能。

3）具备事件记录功能。

4）具备多模光纤通信功能，支持 DL/T 860 通信。

5）具备简单网络时间协议（SNTP）对时功能。

6）应设置便于接地线连接的等电位接地点。

（2）技术要求。

1）就地模块采用交流 220V 电源供电。

2）具备网口接入功能，通信协议宜采用附录 A 规定协议。

3）就地模块应具备 2 对独立的光纤接口。

4）就地模块与辅助设备监控系统应采用 DL/T 860 通信。

4. 门禁控制器

（1）功能要求。

1）具备对进出门的权限管理功能。

2）具备对进出门的进出方式进行授权，主要有密码、读卡、密码＋读卡三种方式。

3）具备对进出门的时段进行设置。

4）支持脱机运行，掉电后控制器会记住所有权限和记录。

5）具备强制关门和强制开门功能。

6）具备超级通行密码功能。

7）具备非法刷卡报警功能。

8）具备定时上传权限功能。

（2）技术要求。门禁控制器技术指标要求见表 3-3。

表 3-3　　　　　　　　　　门禁控制器技术指标要求

技术参数名称	技术指标要求
工作电压	DC 12V，±20%
工作电流	<100mA
管理门数	1，2，4
开门延时时间	1～600s 可调
使用环境	使用温度 -40～+70℃，相对湿度 10%～95%，无冷凝
用户注册卡数量	不少于 2 万个
脱机存储记录数量	不少于 10 万条

5. 脉冲式电子围栏

（1）功能要求。

1）前端电子围栏应采用四线制或六线制。

2）前端探测围栏任意一根金属导线发生断路或短路时，3s 内电子围栏控制器应发出报警信号。

3）电子围栏控制器报警信号的输出和端口应符合 GB 12663《防盗报警控制器通用技术条件》的规定。

4）电子围栏控制器应支持设备故障报警功能。

5）电子围栏控制器被非法打开时，应不受所处的状态和交流断电的影响，提供全天候的防拆报警。

6）前端电子围栏任意相邻两根金属导线中应至少有一根传导高压脉冲信号。

7）电子围栏控制器掉电后主机应自动记忆原有工作状态和参数设置。

8）电子围栏控制器应定时发送心跳通信信息。

（2）技术要求。电子围栏技术指标应符合表 3-4 的要求。

表 3-4　　　　　　　电子围栏技术指标

技术参数名称	技术指标要求
高压模式脉冲峰值	5000～10 000V
低压模式脉冲峰值	500～1000V
脉冲周期	1～1.5s
脉冲持续时间	≤0.1s
供电电源	AC 220V，±20%，50Hz
蓄电池备用电源	DC 12V，≥7AH
使用环境	使用温度 -40～+70℃，相对湿度 10%～95%，无冷凝

6. 周界视频监控

（1）功能要求。

1）具备防拆功能，外壳打开时报警。

2）支持 360° 转动功能。

3）支持云台控制功能。

4）支持夜视功能。

5）具有自动调焦功能。

6）具有智能识别和主动告警功能。

7）具备红外自动跟踪功能。

8）支持全天候 24h 不间断工作。

9）具备稳定可靠、高速率、清晰、可扩展的性能特点。

10）具有报警联动录像功能。

11）支持智能规则配置与修改。

12）具有智能事件报警抓拍功能。

（2）技术要求。周界视频监控技术指标应符合表 3-5 的要求。

表 3-5 周界视频监控技术指标

技术参数名称	技术指标要求
服务器智能预警通道	4 路以上
服务器模拟视频输入	16 路，BNC 接口（电平：1.0Vp-p，阻抗：75Ω），PAL/NTSC 自适应
服务器 VGA 输出	1 路，分辨率：1024×768/60Hz，1024×768/70Hz，1280×1024/60Hz 音频输出 2 路，BNC 接口（线性电平，阻抗：600Ω）
服务器视频压缩标准	4CIF/DCIF/2CIF/CIF，视频帧率 PAL：1/16～25 帧/s，NTSC：1/16～30 帧/s，视频码率 32～2048kbit/s，可自定义，最大 6144kbit/s，复合流/视频流，OggVorbis，音频码率 16kbit/s，支持双码流，支持 16 路同步回放
服务器硬盘接口	8 个 SATA 接口
服务器接口	1 个 BNC 接口（电平：2.0Vp-p，阻抗：1kΩ），1 个 RJ 4510M/100M/1000M 自适应以太网口，1 个标准 RS 485 串行接口；1 个标准 RS 232 串行接口；1 个键盘 485 串口，3 个 USB2.0 以上接口
摄像机工作距离	夜视距离 300m，昼视距离 500m
摄像机有效像素	200 万像素
通信方式	RS 485
供电电源	AC 220V，47～63Hz，功耗≤70W
使用环境	使用温度 -30～+70℃，相对湿度 10%～95%，无冷凝

7. 红外对射探测器

红外对射探测器由主动红外发射机和被动红外接收机组成，当发射机与接收机之间的红外光束被完全遮断或按给定百分比遮断时产生报警。

（1）功能要求。

1）支持调节光束遮断时间。

2）具备开关量报警功能。

3）具备防拆功能，外壳打开时报警。

4）结构设计应全密封防雨（雾）、防尘（虫）。

5）具备加热器接口，智能除霜除冰。

（2）技术要求。红外对射探测器技术指标应符合表 3-6 的要求。

表 3-6 　　　　　　　　　　　红外对射探测器技术指标

技术参数名称	技术指标要求
红外光束数	2，3，4
探测方式	光束遮断探测
供电电压	DC 24V，±20%
报警周期	（2±1）s
校正角度	水平 180°，垂直 20°
防拆开关	常闭，当外壳移去时打开
使用环境	使用温度 -25～+55℃，相对湿度 10%～95%，无冷凝
防护等级	IP 65

8. 双鉴探测器

（1）功能要求。

1）具备开关量报警功能。

2）具备防拆功能，外壳打开时报警。

3）报警输出具备常开/常闭接点。

4）微波探测范围可调节。

5）支持辨别入侵者和干扰信号。

6）采用双元低噪声热释传感器。

7）工作电压：DC 24V。

8）微波频率：10.525GHz。

9）探测距离：12m。

10）探测角度：110°。

11）自检时间：60s。

12）报警指示灯：红色 LED。

13）工作温度：-10～+50℃。

14）报警输出：开关量（常开/常闭）。

15）防拆开关：常闭输出。

（2）技术要求。双鉴探测器技术指标应符合表 3-7 的要求。

表 3-7 　　　　　　　　　　　双鉴探测器技术指标

技术参数名称	技术指标要求
工作电压	DC 24V，±20%
消耗电流	≤20mA

续表

技术参数名称	技术指标要求
微波频率	10.525GHz
探测距离	12m
探测角度	110°
开关接点	常闭输出
防拆开关	常闭，当外壳移去时打开
使用环境	使用温度 −10～+50℃，相对湿度 15%～95%，无冷凝

3.4 系统比对分析

目前变电站安防系统设置独立主机，安防系统信息及其他辅助系统信息没有统一监控平台，采集的数据没有明确的上传目标和规范，无法集中监控，无法实现各辅助系统间联动。

通过建立统一的变电站智慧型辅助系统监控平台，实现变电站安防等辅助系统的监测、控制和联动，提升运维效率和设备运行可靠性。安防子系统单独运行与接入智慧型辅助系统监控平台后运行比对分析情况见表 3–8。

表 3–8　　　　　　　　安 防 系 统 比 对 分 析

项目	安防子系统	智慧型辅助系统监控平台
主机配备数量	多	少
安防集中监控水平	低	高
联动功能	无	有
数据收集便捷性	弱	强
数据存储分析能力	低	高
告警信息处置效率	低	高
减员增效方面	无	高

3.5 系统发展趋势

3.5.1 变电站安防系统现状

数字化变电站、智能电网的提出，促进了变电站安全防范技术的发展。安防系统近年来不但在 110kV 以上高电压等级变电站中受到重视,在 66kV、35kV 较低电压等级变电站中,安防及视频监控系统也成为电力安全生产的重要辅助手段。

目前,变电站内安防辅助子系统种类繁多,门禁、防入侵等各辅助子系统均独立运行,主要存在以下问题:

1. 多系统主机并存

各辅助子系统基本设置有独立主机,形成多个信息孤岛,无法满足变电站的集中管理、统一监控的要求。

2. 远程监控信息不全

目前,仅有站端防入侵等子系统总报警信号接入监控系统,报警的详细信息及其他辅助子系统信号均缺少有效的远程监控手段。

3. 系统间智能化水平不高

门禁、电子围栏等辅控子系统后台独立设置,数据无共享交互,设备间无法根据相应策略实现联动。

3.5.2 变电站安防系统发展趋势

随着无人值班变电站的进一步推广和发展,电力行业对变电站安防系统提出了更高的要求。变电站安防系统的主要发展趋势可以归纳为以下几个方面:

1. 行业化

安防系统的行业应用特征将更加显著,结合电力行业的业务流程、规章制度,安防系统将更加符合不同电压等级变电站的管理需求,同时系统设备能够更好地满足变电站强电磁干扰环境下对电磁兼容(EMC)性能的要求。

2. 集成化

安防系统应能够更好地将视频监控、入侵防范、门禁、消防、环境监测等系统一体化集成。国内一些变电站安防系统已实现了电力综合自动化系统与视频监控的集成与联动(四遥联动),极大提升了变电站安全监控水平。

3. 视频监控高清化、智能化

视频监控作为电力安全生产管理的重要辅助工具以及高清视频监控技术的应用,满足了电力安全生产对可视化管理的需求。高清视频监控可以监视变电站全景、重要设备区,在雨、雾、雪等恶劣天气提供现场实时视频,便于远程监控分析。智能视频应用可以有效地实现按需预警,当有人进入预设防区时,通过弹出视频窗口实现远程监控。

4. 大规模集成联网

变电站安防系统应用的网络化是走在前列的，过去由于缺乏标准，不同时期不同厂商的安防系统很难互联，近年来电网公司不断出台一些标准，并且贯彻到项目实施过程中，形成了多级联网，取得了良好的效果。随着变电智慧型辅助监控技术的发展和应用，变电站安防系统将会按照数字化变电站、变电站无人值班的发展趋势不断演进，实现变电站安防各子系统间的监测、控制、联动和分析，提升了变电站的运维效率和安全防范水平。

第4章

动环子系统

4.1 系统组成与架构

4.1.1 系统结构

动环子系统，即动力环境监控子系统，是变电站辅助设备监控系统的子模块，集合环境监测和动力控制两大功能，支持变电站环境参数监测、设备智能控制（水泵、风机、空调等），为变电站设备运行环境提供实时数据、联动信号的辅助支撑系统，是一个综合利用计算机网络技术、传感技术、数据库技术、5G通信技术、自动控制等多项技术构成的计算机网络监控系统。

动环子系统通过对微气象、温湿度、风机、空调、除湿机、水浸、灯光、室内 SF_6 气体泄漏、室内含氧量监测、水浸监测、给排水等环境的各类环境监测数据的采集进行全面感知，同时对新风系统、除湿机、智能空调等设备远程控制，实现对系统内全部设备的遥测、遥信、遥控、遥调功能。

1. 遥测遥信量采集

辅助设备监控系统可以对动环子系统下属设备的各种环境监控参数进行采集，系统也可对各个传感器控制箱的开关量位置信号、自动调节装置的运行状态信号等进行采集。

2. 远程遥控遥调

通过控制平台可以随时对机房内的空调、进风单元、排风单元、除尘机构等设备进行启动、停止控制，手动/自动切换或者远程进行控制等。监控平台也可通过远程调节，对空调运行温度、空调运行模式、新风系统运行模式、水泵排水挡位等进行调节。

动环子系统的各个模块（如温湿度、水浸、有害气体等）相对独立，监控网络智能终端可对各模块进行取舍，启用或停用各模块的参数，终端会对选择模式进行智能化解法运算。变电站操作人员只需根据现场实际情况进行启用操作即可，不必担心各模块的功能协调问题（见图4-1）。

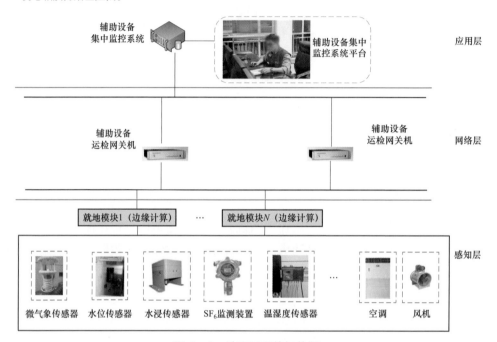

图4-1 动环子系统拓扑图

4.1.2 层次架构

动环子系统的功能可分感知层、网络层、应用层三个层次。

（1）感知层：全面采集变电站综合信息，实现变电站设备及环境等状态全面感知。主要采集该层感知原件的数据并对该层的动力设备进行操作。感知元件主要负责全面采集变电站综合信息并上送，实现对站内设备及环境等状态全面感知；同时动环子系统根据接收的指令信息对动力控制装置进行远程遥控遥调操作，实现对站内动力系统的远方控制。

（2）网络层：感知层的设备将采集到的数据通过多种通信方式（光纤网络、5G无线通信网络、RS 485等）上送给网络层的就地模块，具有边缘计算功能的就地模块将采集的数据进行整理/包装/整合/转换，并通过IEC 61850协议上送给平台层终端设备。辅助测控单元可作为就地模块，将通过多种方式接入的数据进行整合，并统一通过 IEC 61850 协议将数据上送给应用层。

（3）应用层：实现对动环子系统的全面监控、异常主动预警、故障或异常远程分析决策、遥控、遥调。在应用层，所有数据都将在辅助设备监控终端内进行汇总，动环子系统将通过智能化算法对数据进行分析决策，发现潜在的设备告警并提前预判，对动力模块进行遥控遥调，以修正告警。

4.2　主要原理与功能

动环子系统的装置根据功能主要分为感知模块和应用模块两个模块。其中各类传感器都属于感知模块，水泵、空调等动力控制装置都属于应用模块。

4.2.1　环境感知模块

环境监测是通过分布在变电站内的各种智能传感器，对微气象、温湿度、室内 SF_6 气体监测、室内氧气含量、水浸监测、水位监测、给排水等环境的遥测、遥信量进行采集。

1. 温湿度传感器

通常，变电站保护室的温度冬季一般维持在（20±2）℃，夏季则维持在（22±2）℃。而适宜的湿度可以防止静电危害并降低浮尘，因此变电站保护室的空气湿度应保持在 40%RH～60%RH。

温湿度探头采用精密传感器，配合线性放大电路和温度补偿电路，具有灵敏度高、稳定性强、准确度高、性能可靠和使用寿命长等优点，温湿度传感器一般为工业级产品，采用数字信号传输，进一步增强了传感器的运行稳定性及促进了系统的稳定性，如图 4-2 所示。室内温湿度传感器可采用壁挂安装方式安装于主控室、保护室、蓄电池室、通信机房等变电站室内。

图 4-2　温湿度传感器

温湿度传感器应具备以下功能：

（1）能够采集温度和湿度等数据。

（2）能够采集温湿度控制箱等信号量。

2. 水浸传感器

水浸传感器的原理是根据探测电极浸水后阻抗发生变化，通过集成芯片将电极电导的变化转换成标准电压信号，推动继电器输出开关量信号，从而指示探头所在位置是否有水。若传感器的探测电极没有浸水，则电极之间的电导为0，传感器不会输出告警信号。

水浸探测器一般安装于变电站各电压等级的电缆沟，水浸安装在排水系统和地势低点，监测是否排水不畅。电缆沟如有最低点，则安装在最低点。同时，由于工程反馈事故油坑经常会有积水的情况，因此建议在事故油坑内也设置水浸探测器。

水浸传感器应具备以下功能：

（1）能够采集水浸数据。

（2）能够采集水泵控制箱的信号量。

3. 微气象传感器

微气象站的原理是通过集成电容式传感器测量相对湿度，通过 24GHz 多普勒雷达，感知雨滴的降落速度大小，计算降水量与降水强度，通过超声波发送接收器来测量风速风向，如图 4-3 所示。

微气象传感器应具备气温、湿度、风速、风向、气压、降水量等数据的采集功能。

4. 水位传感器

水位传感器，是安装在水箱、消防水池等位置，用于监视水位高低的传感器，通常是将水位的高度转化为电信号的形式进行输出，如图 4-4 所示。

图 4-3　微气象传感器

图 4-4　水位传感器

水位传感器应具备以下功能：

（1）能够采集水箱、消防水池中的水位数据。

（2）能够采集水泵控制箱的信号量。

5. SF_6气体监测传感器

SF_6是一种无色、无臭、无毒、不燃的稳定气体，20 世纪 50 年代末开始被用作高压断路器的灭弧介质。

SF_6监测系统主要由 SF_6 和 O_2 监测器、智能测控装置、报警装置和风机控制器组成。SF_6 和 O_2 监测器包括 SF_6 检测单元、O_2 检测单元和通信单元，SF_6 和 O_2 监测器对 SF_6 的检测运用国际最先进的红外激光 SF_6 探测技术，能准确监测环境中 SF_6 气体浓度的变化从而发现微弱的异常。

SF_6 和 O_2 监测器通过 SF_6 气体采集器、SF_6 气体浓度变送器、O_2 变送器以及检测是否有人员进入配电室的红外传感器，对室内 SF_6 气体和 O_2 浓度和人员活动情况进行实时监测。当配电室环境中 SF_6 气体浓度、湿度数据高于设定的报警值或 O_2 含量低于设定的报警值时，设备输出报警信号，并能发出声光报警，提醒有关人员撤离，同时通过控制风机、新风系统等进行自动排障。

由于 SF_6 气体的密度约为空气的 5 倍，因此较易沉积于接近地面的底层空间，所以 SF_6 传感器安装在开关室下部，宜安装在 GIS 槽钢上，分布合理；通风设备的出风口一般设在 GIS 室的下部，以便迅速可靠地排除外逸的 SF_6 气体。

SF_6 传感器应具备以下功能：

（1）采集 SF_6 和 O_2 的浓度数据。

（2）采集风机控制箱和新风系统等信号量。

（3）接受远程调节，调节排风和新风系统运行温度、设置新风运行模式等。

（4）接收就地模块控制信号，控制新风系统的开、关机。

4.2.2　应用模块

1. 空调设备

智能变电站辅助系统，可通过动环子系统实时监控平台，根据外界气候条件，按照预先设定的指标对安装在机房的温湿度传感器传输的信号进行分析、判断，并做出相应的控制操作，自动打开制冷、加热、去湿、空气净化等功能，当发生火灾时自动切断空调电源等。实时监控系统也对空调的运行状况进行全面诊断，监控空调各部件（如压缩机、风机、加热器、加湿器、去湿器、滤网等）的运行状态与参数，通过系统管理功能远程调控空调参数（温度、湿度、温度上下限、湿度上下限等），以及对精密空调的重启，并进行远程调控和监测。

智能空调应具备以下功能：

（1）采集空调的回风温度。

（2）采集空调工作异常、压缩机电流异常等信号量。

（3）接受远程调节，调节空调运行温度、设置空调运行模式等。

（4）接收就地模块控制信号，控制空调的开、关机。

2. 风机设备/新风系统

风机或新风系统具备与温湿度、烟雾告警和 SF_6 气体监控系统的自动联动功能。可以通过和环境监控的通信，实现用户自定义的联动。

风机或新风系统应具备以下功能：

（1）接收就地模块控制信号，控制风机的启动、停止。

（2）通过控制箱面板按钮，就地控制风机的启动、停止。

（3）采集风机运行状态、控制回路状态、远方/就地状态等。

3. 除湿机

除湿设备具备和温湿度监控告警的联动控制功能。可通过和环境监控的通信，实现用户自定义的联动。

除湿机具备以下功能：

（1）接收就地模块控制信号启动、停止除湿。

（2）通过控制箱面板按钮当地启动、停止除湿。

（3）当空气湿度高于临界值，通过操作回路自动启动除湿，空气湿度恢复正常，自动停止除湿。

（4）采集除湿机运行状态、控制回路状态、远方及就地状态等。

4. 水泵设备/排水设备

水泵设备具备和水浸监控告警的联动控制功能。可以通过和环境监控的通信，实现用户自定义的联动。

水泵设备具备以下功能：

（1）接收就地模块控制信号启动、停止水泵。

（2）通过控制箱面板按钮当地启动、停止水泵。

（3）当水位高于警戒水位，能通过操作回路自动启动水泵，水位恢复正常，自动停止水泵。

（4）采集水泵运行状态、控制回路状态、远方及就地状态等。

4.3　设备性能指标

1. 通信功能

（1）与辅助监控主站通信能力。

（2）动环监控系统与就地测控装置应支持以太网通信，宜使用 TCP/IP 协议。辅助测控单元应支持 DL/T 860（IEC 61850）规约协议上传至变电站一体化智能监控平台。

（3）动环监控后台应具备通信告警功能，在通信中断、接收的报文内容异常等情况下，上送告警信息。

2. 信息传输时间

在终端满负荷情况下，信息传输时间应满足以下要求：

（1）实时类数据传输时间：包括传感器采集数据和传感器状态信息，由动环装置到动环监控后台传输时间不大于 5s。

（2）查询响应时间：模拟量及开关量由传感器到监控平台的传输时间一般不大于 5s。

（3）告警相应时间：由监控平台到感知模块和应用模块的传输时间不大于 10s。

3. 结构外观要求

系统设备结构外观要求如下：

（1）应便于整体安装、拆卸及更换。

（2）外壳表面应有保护涂层或防腐设计。外表应光洁、均匀，不应有伤痕、毛刺等其他缺陷，标识清晰。

（3）产品零部件、元器件应安装正确、牢固，并实现可靠的机械和电气连接。

4. 外观防火要求

传感器外壳应满足防火技术要求。

4.4　系统比对分析

以往变电站温湿度、水浸、SF_6监测、微气象和空调通风等子系统均独立设置，没有统一的监控平台，运维人员只能通过巡检查看各种设备的运行状况，无法集中监控，更无法实现系统间的联动。发生异常后由于不能及时自动联动控制，会影响设备运行，严重的可能引发事故。

智慧型辅助设备监控系统可有效解决此问题。通过建立各传感器的统一的监控平台，各模块采集的数据都有明确的上传目标和统一的通信规约。运维人员可以通过监控平台实时监控各种设备的运行状况，不仅可以做到子系统下的各装置集中监控，子系统间也可以互联互动。

1. 实现环境信息集中监控

通过推进变电站一体化智能监控平台建设，可对站内环境信息实行集中监控。子系统按照实用有效原则，选用各种设备状态传感器，对传感器的测量值、传感器的运行状态参数、子系统各设备的运行状态、传感器的告警信息等进行实时监测和采集，实现变电站动环数据的全面感知。

2. 智能联动

集中信息还可进行判断，消除信息孤岛，充分利用各辅助系统信息，实现不同系统间联动，甚至可根据联动的信息，对告警进行研判，提前采取措施消除隐患，极大提升运维效率。

动环子系统监测到变电站环境温湿度变化，通风系统提供有效应对，温湿度超限自动启动变电站空调、风机，并根据温湿度数值对应调整空调模式、温度。实现对变电站温湿度等环境监测信息，空调通风等设备的联动，提升运维效率和设备运行可靠性。

3. 边缘计算

传统的动环传感器局限于现场设备数据采集，其数据的真实性和稳定性有待进一步商榷，使得现场采集的数据无法从根本上反映出设备真实的运行状态，现场运维人员对传感器运行性能、采集数据状态无法充分地感知，因此，针对动环网络架构设计的弊端，在网络层安装具有边缘计算的物联网代理装置，实现对数据感知，完成对现场运行设备数据的采集、过滤、分析处理，通过 IEC 61850 规约，上送监控系统。

4.5 系统发展趋势

智慧变电站辅助控制系统已经实现了自动化，也在朝更智能化的方向发展。目前的动环子系统，内部环境监测和动力控制的联系联动还比较紧密，但和其他子系统的联动相对较少，智能化的程度也不够高，仍然需要运维人员参与其中，查看告警状态和各种信息。同时，对采集数据的挖掘也不够深入。

未来，变电站要照着算法更优化、立体建模、加强与其他子系统的交互三方面发展。

（1）算法更优化：那就改成已实现智能化，向更精益化、更高级的智慧化方向发展。目前的动环子系统的数据监测都是对点的监测，随着未来的发展，动环的感知模块可以对线、面、对空间进行监测，可以采集到区域空间的空间数据，而非仅仅是感知的某一点。当然，这样的数据采集量规模庞大，运算也会变得更为复杂。但随着 5G 技术的发展和云计算技术的逐渐完善，对更全面监测数据的采集将不再是遥不可及的设想。同时，对于采集数据的整合和计算，也可以发展更优化算法，整合安全、高效、环保、节能等多方面因素，让辅助系统的全面感知更为精细、具体且准确，对动力装置的控制调节也更为准确迅速。

（2）立体建模：目前的辅助监测系统仅能将变电站内外的数据进行图形化展示。随着变电站辅助系统的智能化程度加深，系统还可通过激光点云建模对变电站进行空间模拟、立体建模。系统通过动环感知模块得来的环境信息，结合云点建模，应用空气动力学、流体力学、气象学等多学科知识，可以更精细、更全面地模拟和感知站内环境参数。监控平台对站内控制室的空气热量流动情况，结合空调风机等动力装置，可计算出如何改善控制室内气体流动、热量循环的最优方案，从粗放型的监测控制系统向更精细化的控制方向发展，甚至通过对变电站控制室内机柜等装置的分布情况，对感知装置和动力控制布置的最佳位置进行反向指导。

（3）加强与其他子系统的交互：目前的动环子系统与其他子系统的关系相对独立。每个系统的单线程运行，比较易于管理，但安全性能上略微薄弱，一旦系统运行异常，很容易形成子系统的孤岛。所以，动环子系统在未来也要加强与其他系统的交互。动环与视频子系统交互，可通过视频子系统多重采集和验证传感器的采集数据的准确性。对温湿度的精准监测，可实现对站内单点或多点的温度异常升高进行预警，对温度点过高的地方进行干预，有效预防火灾的发生。

第5章

火灾消防子系统

5.1 系统组成与架构

5.1.1 系统概述

在变电站建筑设计中，采取必要的技术措施和方法来预防建筑火灾和减少建筑火灾危害、保护人身和财产安全，是变电站消防安全建设的基本目标。随着技术的发展，市面上涌现出种类繁多的消防系统，并且出现了消防技术向泛安防技术延伸扩展的趋势。由此，因地制宜地选择消防系统，适当融合安防系统，保障变电站建筑及设备设施安全，势在必行。

变电站火灾消防子系统的总体建设目标是实现变电站消防设备设施的无人值守，保障变电站生产环境的安全稳定。总体建设思路是通过各类型物联网技术将已建和新建的消防系统设备设施互联互通，实现变电站消防系统数据采集智能化、消防系统信息化的目的；最后通过消防系统平台的建设，借由大数据技术实现消防信息智能判定及处置、智能辅助决策等顶层管理的目的。

火灾消防子系统建设拓扑图如图5-1所示。

5.1.2 系统架构

根据业务场景划分，变电站火灾消防子系统可分为感知层、传输层和应用层，系统架构图如图5-2所示。

1. 感知层

感知层主要包括厂站的智能采集终端及智能消防物联终端，智能采集终端主要有各类型模拟量采集装置、安消融合产品、无线探测终端和NFC固定式巡检卡片等。

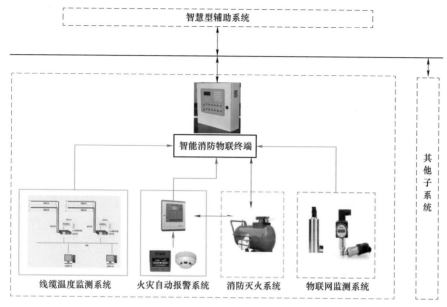

图 5-1　火灾消防子系统建设拓扑图

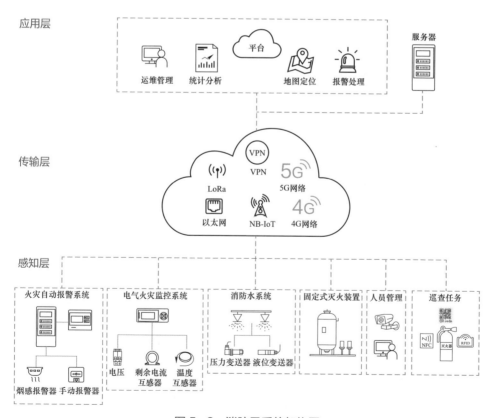

图 5-2　消防子系统架构图

各类型模拟量采集装置可以感知变电站内消防预警系统和消防灭火系统的设备设施状态；安消融合产品利用安防的图像识别技术和消防的环境探测技术感知变电站生产环境状态；无线探测终端摆脱传统消防产品总线的限制，无线产品可部署在有线设备难以触及的区域，做到全面监视；NFC 巡检卡片可实现运维人员巡视工作的电子化，运维人员仅需在作业单兵上简单操作即可将巡检任务和巡检信息回传到消防系统平台上，减少人工抄录工作量，提升作业效率。通过以上就地设备的部署和应用，将无人值守的消防系统管理起来、运维起来。

2. 传输层

传输层主要为调度数据网络及公共网络，对于使用有线网络传输的设备，直接将其接入到调度数据网络中，依托现有的数据网络安全通道实现数据的加密传输。为了确保方案稳定性，就地设备可采用双网接入的方式，避免由于单条链路网络波动或故障导致系统瘫痪。

对于使用公共网络的设备，如无线烟感、无线模拟量采集装置等，根据电网网络安全防护相关规定，通过安全接入区或虚拟专用网络（VPN）实现外网数据接入，以保证数据传输安全。

3. 应用层

应用层主要为主站的平台软件和物理硬件，软件和硬件冗余配置可实现远程管理功能双保险。主站控制中心的建设不仅能实现厂站消防灭火设备的远程控制，还可以实现实时告警数据展示、故障设备展示、设备告警趋势分析、远程视频联动等功能，为系统运维提供便捷高效的管理手段。

5.1.3　系统介绍

火灾消防子系统由消防系统平台、火灾自动报警系统、线缆温度监测系统、消防灭火系统、电气火灾监控系统、图像型火灾分析系统等构成，实现对变电站火灾隐患的监测预警和防火灭火的功能全覆盖，最后通过智能消防物联终端实现火灾消防子系统的数据远传和远程启停。对变电站几种典型系统地展开介绍如下。

1. 火灾自动报警系统

变电站内的火灾探测预警由火灾自动报警系统完成，可实现对大多数场所的火情监测。火灾自动报警系统能起到早期发现和通报火警信息、及时通知救援人员进行疏散灭火的作用，应用广泛。火灾自动报警系统的探测装置通常采用最常见的点型感烟火灾探测器和点型感温火灾探测器，在满足功能要求的同时兼顾经济性。对于特殊保护场所，例如户外的重要设备区通常可采用点型火焰探测器进行探测预警，无遮挡的大空间通常可采用线型红外光束火灾探测器实现火灾预警。

2. 线缆温度监测系统

除火灾自动报警系统外，可使用感温电缆对变电站内分布最广泛的电力电缆进行温度监测，在发生明火前及早报警提示，采用感温电缆监测的特点是满足基本监测要求且建设成本适中。除感温线缆外，还可配合光纤测温系统对电力电缆进行温度监测，其优点是能实时监测电力电缆的温度状态，形成完整的线路温度监控，生成连续的温度监测数据，有利于线缆温度趋势的监测。

分布式光纤测温系统如图 5－3 所示。

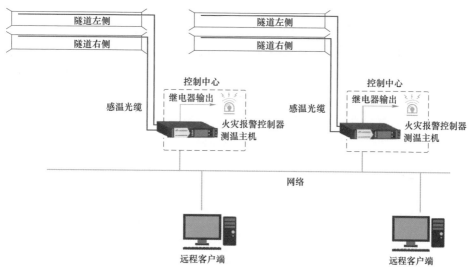

图 5－3　分布式光纤测温系统

3. 消防灭火系统

消防灭火系统作为灭火减灾的首要手段在消防系统设计中举足轻重。一般根据防火场所的不同，采取不同的灭火方式和灭火介质，达到最佳的灭火效果。

以主变压器区域灭火系统为例，考虑到主变压器的设备特性和重要性，可选择响应速度更快的泡沫灭火系统实现快速窒息灭火，也可选择安全性更高的排油注氮灭火系统，彻底切断火源。而在实际应用中，越来越多的变电站开始使用高压细水雾灭火系统，该系统相较于传统自动喷水灭火系统，用水量更小，灭火介质的纯度更高、不导电性更好，缺点是系统造价较高，相同保护面积下造价通常是自动喷水灭火系统造价的 2～3 倍。

总之，火灾自动报警系统和灭火系统的设计建设应遵循 GB 50116—2013

《火灾自动报警系统设计规范》、GB 50116—2014《建筑设计防火规范》以及 GB 50229—2019《火力发电厂与变电站防火设计标准》等的要求。变电站的防火灭火设计标准应从技术、经济两方面出发，要正确处理好生产和安全、重点和一般的关系，积极采用行之有效的先进防火技术，切实做到既促进生产、保障安全，又方便使用、经济合理的建设目标。

4. 多元融合系统

除传统消防预警和消防灭火系统的建设外，变电站火灾消防子系统的设置应结合实际生产业务和生产场景进行设计。例如通过多功能图像型火灾探测器、视频烟感、无线型火灾探测器、电气火灾探测器、消防水系统模拟量采集终端等探测传感装置对难以设计火灾自动报警系统的区域进行监测，弥补传统技术的不足。

（1）安消融合系统。在安消融合领域，通过视频监控＋AI 算法识别的方式，实现消控室人员的在离岗监测和生产工作人员的持证监管等，确保生产作业流程有规可依；也可通过在重点设备室布置红外热成像相机、图像型火灾探测器等实现特定区域或重点设备的消防监控预警。需要特别说明的是，随着安消融合思想的日益成熟和人工智能技术的迅速发展，图像型火灾探测技术的应用越来越广泛。图像型火灾探测系统采用数字图像采集和分析技术，实时分析监控区域内的火焰和烟雾特征，通过深度学习，不断优化 AI 模型并精确识别场景，提高火焰和烟雾的检测效率，降低误报率，是降本增效的最佳选择之一。

（2）无线巡检系统。通过 NFC 或 RFID 技术，配合无线传输技术如 NB－IoT、5G、LoRa 等，实现变电站巡视流程的电子化，极大精简巡视工作烦琐程度，降低对人员专业性的要求。

通过移动应用软件与火灾消防子系统的结合，实现云—边—端业务融合，提高运维中心和一线工作的流畅度。增强运维检修作业任务的抗抵赖性。

（3）多协议融合系统。本系统通过智能消防物联终端将厂站就地设备的消防信息汇总，进行协议转换后，以标准的电力 IEC 60875－5－104 协议远传至主站火灾消防子系统。该智能消防物联终端支持常见协议如 IEC 61850、Modbus、CAN 总线、一键顺控等的转换和传输，可最大限度地接入不同厂家不同协议的火灾自动报警系统和消防灭火系统。智能消防物联终端如图 5－4 所示。

为实现对厂站消防灭火系统的直接控制，该系统通过消防总线将启动信号直接开出至灭火系统启动阀组。该系统与变电站或主站的主设备监控系统对接，获取主变压器高中低三侧开关的分位信号，在满足逻辑闭锁条件下才能对厂站灭火系统进行启动控制，确保了启动操作的可靠度，有效避免了误操作导致的财产损失。

图 5-4　智能消防物联终端

5. 消防系统平台

主站端消防系统平台由地理信息系统、数字孪生系统、消防预警信息系统、消防灭火管控系统、单位履责巡检系统、消防服务系统、设备管理系统和数据可视化图墙界面等功能模块构成，可实现对厂站消防系统设备设施的远程管理、智慧巡检和可视化运维。下面就各系统分别进行阐述。

（1）地理信息系统。地理信息系统以实际地理位置为依托，直观展示集中监控平台已接入的厂站站点数量和地理位置信息、各站点当前报警状态、消防救援导航路线等信息。其工作逻辑为：当厂站出现火警警情时，在地理信息系统界面定位发生告警的厂站位置，并自动导航最近的运维班到报警点的最佳路线，为集中管理和灭火救援提供有效手段。

（2）数字孪生系统。数字孪生系统 1:1 三维建模变电站内的消防设备设施，实时展示消防设备设施的运行状态，例如火灾自动报警系统的探测器运行状态、系统电源的电压状态、电流状态和线缆温度等状态，火灾报警主机的工作状态如主备电工作状态等，还可对厂站灭火系统如水系统、泡沫系统的压力、液位等模拟量数据进行实时展示，为消防运维提供可视化手段，最终达到辅助决策的目的。

（3）消防预警信息系统。消防预警信息系统作为整个系统的核心功能模块，能汇聚所有厂站的消防告警信息，并提供告警远程处理和设备消缺功能。本模块分为集控中心和变电站两级，既能统一展示集控中心下辖所有变电站的实时告警，提高警情处理效率，还能在变电站层级针对性展示该站的告警信息。通过该系统的三维定位功能，一键直达报警设备位置。处理告警前，通过辅助视频监控系统的联动对告警信息进行复核，达到人员未至、管理先达的目的。

（4）消防灭火管控系统。消防灭火管控系统提供对厂站灭火系统的远程启停功能，满足防误逻辑闭锁和解锁；消防服务系统打通变电站和社会救援力量，能够展示已接入系统变电站及其周边单位的消防救援资源，灭火救援时一键报警，及时调动周边消防资源。服务系统还能为运维人员提供消防知识培训，通过模拟真实火灾场景，构建消防救援的真实流程，指导运维人员进行灭火救援，提高消防管理能力；可视化图墙作为数字大屏展示界面，为运维中心提供变电站总体监管状态，如下辖厂站的接入情况、厂站的告警排名情况、厂站的消防系统评价模型等。

该系统依托物联网技术和智能采集终端，将无人值守的消防信息汇聚整合起来，通过火灾消防子系统将消防数据模型化，通过系统的知识图谱达到智能辅助决策的目的，真正实现物联赋能、数据智理的目的。该系统改变了传统的保姆式消防督导模式，实现了单位履责有办法、消防督导有依据的目标，形成了消防部门与社会单位之间的消防工作闭环管理模式。

5.2 主要原理与功能

本小节对几种典型的消防系统展开介绍，消防系统主要包括火灾自动报警系统、分布式光纤测温系统、图像型火灾分析系统、消防灭火系统，最后介绍智慧型辅助系统火灾消防子系统的功能。

5.2.1 火灾自动报警系统

根据住房和城乡建设部有关工程建设强制性条文的规定以及 GB 50016—2014《建筑设计防火规范》的要求，在建筑设计初期应将火灾自动报警系统、消防给水和灭火设施的方案设计考虑其中。

作为变电站火灾消防子系统的核心组成部分，火灾自动报警系统在变电站安全生产管理中的作用举足轻重。火灾自动报警系统能起到早期发现和通报火警信息，及时通知人员进行疏散、灭火的作用，应用广泛。本小节讨论的火灾自动报警系统特指火灾探测报警系统。火灾自动报警系统主要包括火灾报警控制器、感烟探测器、感温探测器、声光报警器、手动报警按钮等模块。系统通过感烟探测器、感温探测器监测火灾早期出现的环境异常例如烟雾浓度、环境温度等，及时将异常告警推送至火灾报警控制器。

目前火灾自动报警系统中较常使用的感温探测器一般为定温式点型感烟火灾探测器，其探测原理是利用热电偶热敏半导体电阻的热敏特性，当环境温度升高时元件阻值降低，当达到预定温度时信号电流迅速增大，探测器向火灾报警控制器发出报警信号，如图 5-5 所示。

目前火灾自动报警系统中较常使用的感烟探测器一般为点型光电感烟火灾探测器，其探测原理是在探测器内一对红外发光元件及光敏元件偏置设计，正常状态下光敏元件接收不到光线。当烟雾颗粒进入探测室内时，红外发光元件发出的光被烟雾颗粒反射或散射到光敏元件上转换为光信号从而触发报警，探测器向火灾报警控制器发出报警信号，如图 5-6 所示。

图 5-5　感温火灾探测器　　图 5-6　感烟火灾探测器

除以上常规点型火灾探测器外，在变电站还可设置线型光束感烟火灾探测器和火焰探测器。线型光束感烟火灾探测器原理与点型光电感烟火灾探测器原理大致相同，探测部分由发射器和接收器两个独立模块组成。作为测量用的光路暴露在被保护的空间，且加长了许多倍。如果有烟雾扩散到测量区，烟雾颗粒对红外光束起到吸收和散射的作用，使到达受光元件的光信号减弱。当光信号减弱到一定程度时，探测器发出火灾报警信号。火焰探测器通过光敏元件将明火中的紫外辐射（外光电效应）和红外辐射（内光电效应）转换为电流或电压信号的原理来达到火焰探测的目的。

除了探测方式的区别外，本系统还采用了无线网络传输的独立式物联网终端设备，例如无线烟感探测器、无线温感探测器、无线可燃气体探测器、无线水位和压力传感器等。无线物联网探测终端相较于传统消防探测器的优点是无须布线，部署方式灵活。无线物联网探测终端可以选择无线广域网络如 NB-IoT、4G、5G 等通信制式直接完成数据回传，也可选择无线局域网络如433Mhz、LoRa/蓝牙、WiFi 等通信制式搭配智能消防物联终端进行数据回传，在传统消防探测器难以部署的位置安装无线设备，可以弥补探测空白，实现全面监视。

5.2.2 分布式光纤测温系统

在变电站场景中，大量集中分布的电线电缆常常是火灾发生的隐患位置，虽然引发电缆火灾的原因不一，但其火灾表现往往是在火灾早期电缆和电缆接头温度上升、火灾初期产生大量有毒的热烟，电缆等物体发生火灾通常经历温度升高→蓄热产生可燃气体→产生烟气→产生明火，为避免发生火灾，应在火灾早期探测即温度升高阶段予以监测。电缆的温度监测一般采用分布式光纤测温系统。

分布式光纤测温系统的工作原理是利用光在光纤中传输时产生的自发拉曼散射和光时域反射原理来获取空间温度分布信息，如果在光纤中注入一定能量和宽度的激光脉冲，激光在光纤中向前传播时将自发产生拉曼散射光波，拉曼散射光波的强度受所在光纤散射点的温度影响而有所改变，通过获取沿光纤散射回来的背向拉曼光波，可以解调出光纤散射点的温度变化。根据光纤中光波的传输速度与时间的物理关系，可以对温度信息点进行定位。

系统部署时，光纤依附于电缆表面，可实时感知所测量的电缆温度，一般可以测量到被测电缆每间隔 1m 各点的温度，同时光纤又可传输信息，做到通信、传感一体化。多模光纤的最大传输和测量距离在 15km 时，其单通道的测量时间不超过 1min，测量时效性高。一台光纤测温主机可配置四通道、八通道、十六通道，可以满足变电站多路电缆的实时监测。与传统感温电缆不同的是，光纤测温系统还具有温度超限报警、温升速率报警、温差报警、温度异常点报警等功能，能够为电缆温度监测提供多个维度的研判依据。但相较于感温电缆，分布式光纤测温系统的造价较高，宜根据监测场景合理搭配光纤测温和感温电缆监测使用。

5.2.3 图像型火灾分析系统

相较于火灾自动报警系统的建设，变电站视频监控系统的建设范围更加广泛，视频监控相机广泛分布于变电站周界、设备区、办公区、各类型小室、电缆夹层等建筑区域，图像型火灾分析系统正是基于视频监控系统的前端感知实现消防火灾探测。

图像型火灾分析系统采用云—边—端的设计架构，如图 5-7 所示。云域通过 AI 人工智能平台，建立样本采集库，通过样本数据分析火灾情况下的火焰和烟雾特性，形成数据分析模型。在本系统接入视频监控系统后，可以导入大量视频及图片样本，通过深度学习，优化数据分析模型，使智能分析更加准确、高效。

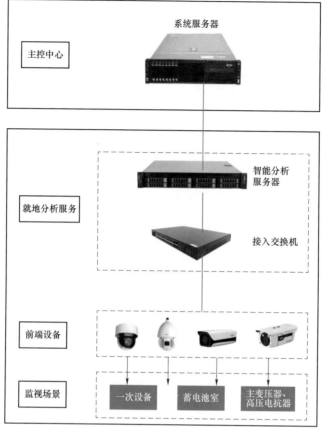

图 5-7　图像型火灾分析系统架构图

　　边和端的技术选择根据视频监控系统的建设情况有两种组合方式，即分别在边域建立智能分析算法和在端域建立智能分析算法。对于已建系统，目前变电站存量的视频监控相机及视频服务器一般不具有智能分析功能，大量的视频流只用作普通监视，没有完全发挥其安防的作用。在这种情况下，可以在变电站新增视频智能分析服务器，该服务器内置算法仓库，不仅包含常规的安防分析算法例如越界侦测、行为检测、设备状态检测、仪器仪表监测、安全作业监测等，还包含消防系统专用算法例如明火明烟检测、高温检测（红外相机）、消防通道占用检测等，将接入的视频和图片数据更有效地利用起来，打通安防和消防的隔阂。

　　对于新建系统，宜安装具有边缘计算功能的视频监视相机或图像型火灾探测器。随着电网智能化建设的逐步推进，端域设备的数量呈指数级增长，而管理人员更希望获得经过分析的生产数据。若海量的数据仅仅依靠中心服务器进行智能分析，只能通过增加服务器硬件配置和服务器数量的方式来满足要求，抑或是建立多层级智能分析服务平台，将分析的结果逐级汇总，但多级平台的建设不仅会增加运维人员工作量，也为后期数据迁移带来了挑战。

适当采用边缘计算的设计思路，可以有效解决以上问题，边缘计算是指将原本在服务器上应做的智能分析处理工作释放到端域设备上，这样端域设备可以直接上送经过加工的数据。在物联网设备内适当增加边缘计算单元，即可实现数据的本地处理，无须回传中央服务器进行处理，大大提高了数据分析的速度和效率。

5.2.4　消防灭火系统

变电站内的消防灭火系统种类较多，一般有消火栓系统、自动喷水灭火系统、七氟丙烷灭火系统、泡沫喷雾灭火系统、泡沫水喷淋灭火系统、排油注氮灭火系统、高压细水雾系统等。灭火系统的选择应遵循适用性和经济性原则，在合规的前提下适当结合新型探测和控制技术，保障变电站消防安全。

消火栓系统和自动喷水灭火系统主要针对办公区域设置，以常规水源作为灭火介质，基本满足普通建筑火灾的灭火要求。七氟丙烷灭火系统主要针对通信机房等计算机设备室，灭火介质不导电，不会对电子设备造成本质伤害。其余灭火系统针对主变压器单独设置，系统类型可根据变压器的实际防护需求设计选择。

除了以上传统灭火系统的应用，本系统适当增加了新型技术的应用，例如管式自动探火灭火装置简称火探装置。火探装置是国内外刚发展起来的一种新型灭火装置，其具有多种检测功能如烟雾和温度探测，体积与便携式干粉灭火器大致相同，可放置于火源最可能发生的位置如变配电柜、控制室、电子设备间等重要封闭区域，如图 5-8 所示。火探装置特有的火探管在受热温度最高处被软化并爆破，火探管压力下降启动容器阀，灭火介质由火探管爆破孔释放完成保护空间的灭火动作。

新形式的消防灭火系统在投入应用前，要经过长期严格的功能和稳定性测试，在变电站场景不建议盲目追求超新技术的使用，而是以经济适用为原则，合理设计规划。

5.2.5　消防系统平台

综合厂站消防系统的建设，火灾消防子系统为主站的智慧型辅助系统采集变电站的遥测、遥信数据，在主站进行管理监视和遥控操作。为了更好地满足运维单位对系统的使用需求，系统可提供以下功能。

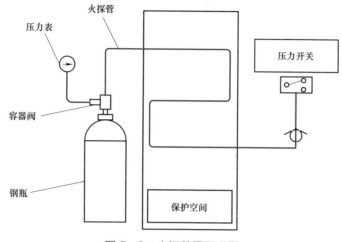

图 5-8 火探装置原理图

1. 功能要求

（1）采集接入功能。采集接入信息包含以下内容：

1）火警类信息，包括各防火区域烟感、温感、感温电缆等设备当前火灾报警信号，消防设备（设施）当前火警、故障等信息。

2）状态类信息，包括各消防设备（设施）当前运行、故障、位置、通信等信息。

3）动作、反馈类信息，包括固定式灭火装置、消防水泵、排烟风机动作及反馈信号等。

4）监管类信息，指的是关联设备状态的响应，包括空调停机信号、防火门关闭信号等。

5）屏蔽类信息，指火灾报警控制器具有对探测器等设备进行单独屏蔽的操作功能，如有屏蔽应上送对应的屏蔽信息。

6）模拟量信息，包括液位、压力、电压等模拟量数据信息。

7）主设备信息，包括变压器重瓦斯保护动作信号、主变压器各侧断路器分位信号等信息。

（2）运行监视。系统应以图形化的方式对全站消防设备（设施）的布置及运行参数进行统一展示：

1）火灾报警控制器当前火警、启动、反馈、监管、屏蔽、故障等信息。

2）固定式灭火设备当前运行、故障、检修等状态信息。

3）消防水系统泵组运行、故障等信息，水位、压力等信息。

系统界面应包含且不仅限于以下提示信息：

1）消防设备（设施）的故障状态信息。

2）消防设备（设施）的火灾报警信息。

3）固定式灭火设备控制、动作以及状态信息。

（3）事件监视。系统具备火警、消防设备故障等报警信号的独立监视界面，通过该界面可以直观地看到各个变电站的消防设备运行事件。系统将火警、消防设备故障等报警信号进行分站、分区、分类处理，合并为消防报警总信号、故障报警总信号，并能监视到每个总信号和分信号。

（4）告警展示。告警处理功能应满足以下要求：

1）告警级别宜按一般、严重、危急三个级别设定，用户可自定义。

2）所有告警信息均实时显示，其内容包括时间、地区、厂站名、所属设备以及告警内容等。

3）不同级别的告警信息分色显示，其色可设置，可分层分区分类选择显示。

4）应提供灵活的告警信息过滤和分类手段，对不同区域、用户设置相应的过滤条件和分类方法。

5）具备告警信息的管理员、监控员确认功能。

6）应按权限和区域确认，不同区域的事件及告警确认和处理相对独立。

7）所有告警信息及确认信息（包括确认时间、确认节点、确认用户等）应自动保存，可打印输出。

8）宜具备声音提示功能。

9）按照时间、地点、告警类型组合方式综合查询历史告警信息。

根据显示内容和显示方式组合，可以显示出当前变电站的所有消防设备，也可以单独显示火灾报警控制器、固定式灭火系统等设备。各个光字牌代表该变电站内具体某一个消防设备，当设备出现运行事件时光字牌按照事件类型进行闪烁提示。

（5）历史数据查询功能。应支持以下历史数据查询方式：

1）以时间、设备等组合查询条件对历史记录数据进行综合查询及展示。

2）查询的模拟量数据支持曲线方式展示。

（6）报表统计。系统报表管理应满足以下要求：

1）报表类型，支持日报、周报、月报、季报、年报以及自定义的报表。

2）支持对所定义报表的调用、显示、输出及打印等功能。

3）支持按区域、类型、时间进行统计分析。

（7）日志管理。记录平台的系统日志和业务日志，并能通过用户、操作类型、日期等组合条件进行查询。

（8）对时功能。宜采用简单网络时间协议（SNTP）对时方式。

（9）用户管理。用户管理应满足以下要求：

1）用户权限管理由角色、用户组和权限定义组成。

2）角色宜按工作性质分为管理员、监控员、维护员、普通用户四类。

3）管理员具备用户组和用户权限的在线授权、转移和收回功能。

（10）权限管理。权限管理应满足如下要求：

1）实行操作权限管理，按用户角色授予不同权限，各级权限的用户同时对设备进行操作时，可按照权限等级优先高权限用户使用。

2）权限可在线授权、转移和收回。

（11）安全管理。安全管理应满足以下要求：

1）对用户登录、操作应进行权限查验。

2）系统所有操作如登录、控制、退出、告警确认、系统设置等操作，均应有详细操作记录；操作记录以人机界面方式展示，可进行查询、统计、备份。

（12）配置管理。配置管理应满足如下要求：

1）支持节点、应用及进程等统一配置功能。

2）支持系统运行方式的配置管理，如应用集群的配置和管理。

3）支持系统各应用参数设置及管理。

2. 应用业务功能

（1）告警联动功能。告警联动功能应满足以下要求：提供与其他系统数据接口、发送消防火警信息、配合其他系统实现消防联动功能以及高级应用功能，其中涉及的联动设备主要包括视频等。

（2）基本操作。人工远程控制基本要求如下：

1）运维值班人员须先通过密码或指纹等鉴权，确认具备消防远程控制操作权限。

2）运维值班人员鉴权后，须对火灾报警信号、主变压器各侧断路器分位信号等，进行逐项确认。

3）运维值班人员宜对视频信息进行人工确认，确认火情以及站内无人员。

（3）防误功能。在下述情况之一下，为保证控制对象的动作的安全性，操作将被禁止：

1）操作员无相应的操作权限。

2）当一个控制台正在对这个设备进行控制操作时。

控制过程中，提供的安全措施包括：

1）操作员必须有相应的操作权限。

2）提供详细的存档信息，所有遥控操作都记录在历史库，包括操作人员姓名、操作对象、操作内容、操作时间、操作结果等，可供调阅和打印。

3）遥控人工闭锁功能提供了禁止遥控操作。

4）支持控制结果的判断，对于错误情况给出提示。

（4）防误逻辑闭锁功能。防误逻辑闭锁功能应满足以下要求：

1）针对如变压器、电抗器、电容器等防火分区，必须主变压侧各侧发生断路器分位信号后，同时满足防火区域内产生两路独立回路火灾报警信号或两种类型火灾报警信号，才可允许下发灭火设备远程控制命令。

2）针对如电缆沟、电缆夹层等的防火分区，必须满足防火区域内产生两路独立回路火灾报警信号或两种类型火灾报警信号，才可允许下发灭火设备远程控制命令。

（5）防误逻辑闭锁解锁功能。解锁功能应满足如下管理要求：

1）正常情况下严禁解锁或解锁功能退出运行，解锁操作需具备权限的专人负责，所有解锁操作都记录在历史库，包括操作人员姓名、操作对象、操作内容、操作时间、操作结果等，可供调阅和打印。

2）通过视频监控系统已发现明火且现场无灭火现象，危及设备安全，当应急操作闭锁逻辑中的两路火警信号不满足要求时，同时主变压器各侧断路器分位信号满足的情况下，经变电站负责人或当班值长同意，方可进行解锁操作。

3）通过视频监控系统已发现明火且现场无灭火现象，危及设备安全，当应急操作闭锁逻辑中的主变压器各侧断路器分位信号不满足的情况下，应经本单位总工程师批准同意，方可进行解锁操作，并报有关主管部门备案。

5.3 主要性能指标

本小节对系统关键设备性能指标展开介绍，最后介绍智慧型辅控系统火灾消防子系统的性能指标。

5.3.1 智能消防物联终端

1. 电源要求

（1）交流电源。

1）交流电源电压为 220V，允许偏差为 −20%～ +15%。

2）交流电源电源频率为 50Hz，允许偏差 +5%。

3）交流电源波形为正弦波，谐波含量小于 5%。

（2）直流电源。

1）额定电压：DC 24V、110V 或 220V。

2）直流电源电压为 110V 或 220V 时，允许偏差为 −20%～+15%，电压纹波系数小于 5%。

2. 接口要求

（1）上行接口。

1）2 个 10/100M 自适应 RJ 45 以太网接口。

2）2 个 10/100M 自适应 RJ 45 以太网接口或 100M 光口与调度数据网非实时交换机连接，光纤接口应满足以下要求：光纤接口为 LC 型，光纤类型宜采用多模光纤。

（2）下行接口。

1）具备 CAN 接口，可用于与站内火灾报警控制器通信。

2）具备 4 个 RS 485 接口。

3）具备 6 个 4～20mA 模拟量变送器数据采集接口。

4）具备 32 组输出（含反馈）硬接线接口。

5.3.2　图像型火灾系统

1. 图像型火灾探测器

（1）性能要求。

1）电源要求：额定电压 DC 24V，功率≤5W。

2）镜头尺寸：6mm。

3）探测距离：不小于 60m。

4）视场角：水平视场角 42°，垂直视场角 32°。

5）探测报警响应时间≤10s。

（2）接口要求.

1）具备不少于 1 路报警输出接口。

2）1 个 10/100M 自适应 RJ 45 以太网接口。

3）具备 1 个 RS 485 接口。

（3）环境要求。

1）工作温度：−20°～+55°。

2）环境相对湿度：10%～95%（无凝露）。

2. 智能分析主机

（1）功能要求。

1）支持人员行为分析、环境状态分析、设备状态分析功能。

2）支持视频质量诊断中的分析功能。

3）支持视频结构化分析，识别视频中的对象属性，可通过属性进行查询。

（2）性能要求。

1）网络视频接入应不少于 200 路。

2）网络带宽：接入应不低于 256Mbps，存储应不低于 256Mbps，转发应不低于 256Mbit/s，回放应不低于 64Mbit/s。

3）应支持 32 路不低于 1080P 视频的非实时智能分析功能（隔离开关、仪表、油位和指示灯等设备状态检测），输出分析结果不大于 60s。

4）应支持 32 路不低于 1080P 视频的实时智能分析功能（人员检测、人员着装检测、车辆检测等），输出分析结果不大于 1s。

5）具备多个分析设备扩展应用。

6）支持嵌入式神经网络架构，不小于 54TFLOPS 峰值计算力，每秒 180 张图片实时分析。

5.3.3 消防子系统平台

1. 系统性能

（1）可靠性。应满足以下可靠性要求：

1）关键设备 MTBF＞20 000h。

2）由于偶发性故障而发生自动热启动的平均次数＜1 次/2400h。

（2）实时性指标。在正常网络带宽的情况下，应满足以下实时性要求：

1）变化状态量从站端系统至集中监控系统通信服务器传送时间≤2s。

2）遥控量从选中到命令送出集中监控系统≤2s。

3）系统时间与标准时间的误差≤1s。

4）系统从断电后重启至恢复正常运行的黑启动时间≤15min。

（3）系统负载率指标。

1）各服务器和终端的 CPU 平均负荷率：正常时（任意 30min 内）≤30%，系统故障时（10s 内）≤50%。

2）网络平均负荷率：正常时（任意 30min 内）≤20%，系统故障时（10s 内）≤40%。

（4）存储容量指标。

1）监测数据的历史数据存储时间＞1 年。

2）监测日志数据存储时间＞1 年。

2. 电源要求

（1）额定电压：AC 220V，允许偏差为±15%。

（2）频率：（50±1）Hz。

（3）谐波含量：≤5%。

（4）应采用辅助汇控箱电源模块供电。

3. 使用环境

室内设备适用环境要求如下：

（1）环境温度：−5～＋45℃。

（2）环境相对湿度：10%～95%（无凝露）。

5.4　系统比对分析

5.4.1　系统建设思路

智慧消防作为电网设备安全的一部分，主要特征如下：

（1）信息全面感知：智慧消防建设的基础是建立集中式的消防大数据网络，利用各类智能传感器、GIS 遥感技术和智能消防物联终端，实现对各类消防数据的实时感知和处理，进而实现全局化监测和全时空管理。

（2）系统互联共享：运用各类型物联网技术和云计算平台对多元数据进行整合，形成统一的资源体系，建成智慧消防信息基础平台，实现信息共享。

（3）服务职能可靠：基于系统互联产生的海量数据，在云端深度处理、分析和挖掘后，形成针对不同应用场景的数据模型，为不同部门和用户提供不同层次的智能化服务。

目前，国内专家学者大多基于物联网、大数据等信息技术，对智慧消防的建设进行了探索，研究总体上可以分为火灾防控精细化、管理高效化等方面。国内大多数厂家的智慧消防解决方案也都基于以上几点展开研究，方案的成熟度参差不齐。

根据对现有变电站火灾消防系统的调研，绝大多数还停留在本地化运维的阶段，即在变电站内只设置基本的火灾自动报警系统和消防灭火系统，只满足基础的火灾预警和灭火救援要求。

传统的火灾自动报警系统由于受到设备性能限制或环境因素的影响，往往出现误报、漏报的情况。在发生报警时，变电站值班人员需要到达报警部位检查确认警情，当频繁出现误报时，会增加值班运维人员的工作量，久而久之会导致值班人员产生懈怠心理，这也是当前民用领域消防运维的发展现状。如此恶性循环，当出现漏报或漏查时，会极大地危害变电站正常生产运维，埋下火灾隐患，导致重大火灾事故的发生。为解决这个问题，变电站的消防管理亟须更高效、可操作的手段。

5.4.2　典型案例

随着国家电网对智慧变电站建设的推进，目前已经有部分网省公司开始变电站火灾消防系统的智能化建设。

某网省公司建设的智慧消防系统基本理念是通过消防信息传输控制单元采集厂站的火灾自动报警系统信息，新增消防灭火系统的模拟量变送器采集消防系统的运行状态信息，并增加对站内消防灭火系统的启动控制，最终通过主站的消防集中监控系统实现对厂站的消防监控。

该方案的优势是建设成本不高，只通过增加少量的消防信息传输控制单元和探测传感器即可实现消防信息的上送和下发，基本达到了远程集控的目的，而主站消防集中监控系统也能实现基本的火灾预警、历史数据统计、消防灭火系统远程启动功能，兼顾了系统功能和建设成本。但该方案并未针对实际的变电站消防场景进行深化设计，如未对原有系统未覆盖的区域进行监测补全，也未考虑到多系统融合联合巡检，例如结合视频监控系统、主设备监控系统、机器人巡检系统等。此外，该方案也未对外部救援力量进行整合，当发现火灾时只能依靠站内灭火资源进行灭火，不能及时通知辖区消防力量。总而言之，该方案属于初级阶段的智慧消防建设方案，是智慧消防在电力行业的萌芽。

其他网省公司建设的智慧消防系统基本理念与上述网省公司大致相同，不同点是在其方案的基础上增加了硬件控制链路，即在主站增加一台火灾报警主机，形成一条与软件控制链路并行的硬控链路，当软件控制链路发生故障时，硬件控制链路仍旧可以发挥作用，形成远程启停的双保险。该方案也属于较初级的智慧消防建设方案，未对消防信息进行深度加工使用，仍有较大的提升空间，如图5-9所示。

除了对变电站智慧消防系统的分析，笔者还对民用领域的智慧消防系统进行了调研。民用领域的智慧消防系统由于技术可选性更丰富、服务形式更灵活，相较于国家电网公司的智慧消防方案有一定的先进性。在开展变电站火灾消防子系统建设时，宜参考目前先进且成熟的方案。

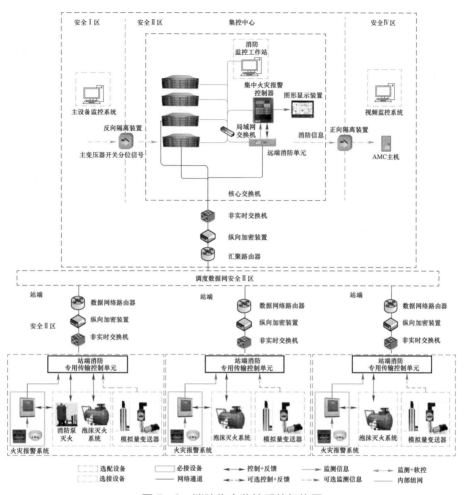

图 5-9　消防集中监控系统架构图

根据建设方案概述，火灾报警子系统的建设一般分为就地的消防预警终端设备和主站消防监控系统平台，现分别就两部分的建设做简要介绍。

1. 就地设备

民用领域的消防方案就地终端设备一般可分为消防用水监测、消防用电监测、无线烟感、视频烟感、电子化巡检等。消防用水监测是指对消火栓系统、自动喷水灭火系统等供水管道的压力监测和消防水池/水箱的液位监测，既可以采用有线组网如 RS 485、以太网方式，也可以采用无线组网如 NB-IoT、LoRa、4G、5G 方式，可根据实际场景要求和网络特性进行设计。消防用电监测是指对火灾自动报警系统的电源、消防水泵的电源进行监测，监测其电压波动情况、剩余电流（漏电）情况、电缆温度情况等。无线烟感及视频烟感等终端设备主要是对传统火灾自动报警系统的完善补全，由于受到实际场景限制，存在部分区域无法设置总线型火灾报警探测器的情况，无线设备的部署弥补了传统消防系统的缺点，极大地提升了系统建设的灵活性。

2. 系统平台

除就地设备外，主流厂商的消防集中监控系统平台软件主要集中在实时告警、设备故障和可视化界面三大功能的实现。实时告警功能主要展示厂站的火灾报警信息，运维值班人员可通过电话与现场人员确认告警情况，确认该告警的实报/误报情况；设备故障功能主要展示厂站的消防设备设施故障情况，例如总线产品的设备故障和通信故障，报警主机的自身状态如主电/备电故障等，为维保提供数据支撑；可视化界面是对全部厂站消防系统主要监视指标的集中展示，如报警次数排名较高的区域、接入系统和设备的数量和在离线统计、故障和报警处理率、消缺率等。

5.4.3 优势分析

本系统除了涵盖主流智慧消防厂家的解决方案外，还针对人员现场管理、消控室管理、巡视运维等管理工作提出了针对性解决办法。通过图像识别算法和移动应用软件实现现场工作人员的工作合规性检查及生产作业流程指导，例如工作服检查、工作指示牌检查等，以及工作流程指导、风险告知等。通过NFC卡片实现待巡视设备信息的电子化，相较于传统人工巡检的烦琐手写记录，巡检人员可直接使用手机或巡检单兵实现即刷即巡，巡检信息直接回传至平台。

为了提高消防救援效率、节省宝贵的救援时间，本系统在告警处理流程后增加了远程启动流程，系统融合了报警视频联动功能，运维值班人员不仅可以通过电话与现场人员确认警情，还能通过与视频监控系统联动调取已绑定点位的视频画面，更加直观快速地确认警情。通过与主设备监控系统融合，可获取厂站一次、二次设备的工作状态，作为启动厂站消防灭火系统的前提条件，根据严谨的逻辑闭锁条件执行关键的遥控操作。此外，本系统采用更加外向化的救援方式，不仅能实时远程调动厂站的消防灭火资源，还能及时通知周边的消防救援力量，避免一次救援力量不足的情况，降低救援风险。

除业务功能的扩展和管理手段的丰富外，本系统根据不同的业务场景，将采集的设备数据结构化，建立起一套智慧数据模型，形成设备诊断的知识图谱。厂站采集来的设备设施数据通过知识图谱的过滤和归集，可以形成完整的设备评价体系，对待测设备进行针对性管控。对于评价等级较低的设备，系统可以提出运维检修策略，并为运检人员提供标准的检修作业流程，达到智能辅助决策的目的。

　　智慧消防的建设方案不一而足，但其建设思路大体一致，都是使用先进技术完善监测手段，横向延伸方案，使用人工智能手段和深度学习技术，纵向穿透业务，变电站智慧消防的建设宜在此基础上发展完善，最终达到智能管理的目标。

5.5　系统发展趋势

　　纵观国外研究和国内政策指导，消防建设的核心思路均提及智能化和系统融合，究其本质，智能化是手段，系统融合是目的。

　　智慧消防以人防为中心，强化顶层设计、促进各个管理部门参与；以技防为重点，合理使用先进技术、加强现场管理；以物防为保障，升级救援装备力量、完善巡查机制。

5.5.1　人防为中心

　　以人防为中心即将智慧消防的建设纳入智能变电站建设，明确各级部门责任目标，自上而下设计建设方案。智慧消防的顶层设计依托于智慧管理平台的建设，智慧管理平台除将下辖单位的消防信息接入外，还应利用大数据技术使能消防信息，使单点数据变为立体数据，使立体数据变为结构化模型，使结构化模型变为智慧大脑，从辅助决策逐步转换为智能决策。在管理层面，打通运维和检修的障碍，使运维数据变为检修支撑，将设备态信息和工作态数据结合起来，打破专业壁垒，更好地使用数据。

5.5.2　技防为重点

　　以技防为重点即合理使用先进技术使终端设备智能、传输方式智能。终端设备和传输方式的智能主要体现在其使用的技术上，根据《2018 智慧消防产业发展服务报告》所述，智慧消防的十大关键技术分别为射频识别、无线传感、物联网、大数据、云计算、移动互联网、地理信息系统、虚拟现实、人工智能、区块链。

　　射频识别技术可通过无线电信号识别特定目标并读写相关数据，而无须识别设备与目标之间建立机械或光学接触。射频识别技术主要用于消防设备设施的巡检，巡检人员可通过单兵或智能手机，在巡检点轻轻一贴即可读取巡检任务，反馈巡检结果也只需在手机上轻点几下即可完成巡检任务。

无线传感与物联网、移动互联网技术息息相关，无线传感技术能克服传统报警探测器和传感器无法联网和施工布线困难的缺点，大大提高了消防施工的水平和效率。物联网技术则赋予终端设备更灵活的使用场景，低功耗的 NB-IoT 技术、传输速率更快的 4G/5G 传输制式、WiFi 和 LoRa 等无线局域网技术为终端的信息交互提供了更加丰富和便利的解决方案。

云计算技术基于丰富多样的多维态数据，通过物联网技术将智能终端设备采集的运行信息、设备/设施状态信息、环境信息等进行结构化，在海量数据汇总中发现关联性，建立数据模型；从乱序中找到预测的依据，推动决策机制从"业务驱动"向"数据预测"转变、管理机制从"死看死守"向"预知预警"转变、作战机制从"经验主义"向"智能调度"转变。

地理信息系统基于空间建筑和设备设施的二维图片、全景照片、三维立体建模、无人机倾斜摄影等技术，能够为智慧消防编制数字化预案、为实现"全域一张图"的可视化战略提供有力支持。

虚拟现实技术与三维立体建模不同的是，可以创建和体验虚拟世界的模拟环境。未来的虚拟现实技术主要可用于辅助导航定位、战术演练、消防培训和地理信息测量等方面。

人工智能技术应用于智慧消防行业，最大的可能性是实现自主灭火。当发现火情时，管理平台自动定位报警点，联动附近视频进行复核，通过图像识别算法进行智能分析。若存在真实火情，平台自主下发灭火指令：灭火机器人、灭火无人机将按照平台规划的救援路线自主到达火灾现场，通过自主越障达到火点，对火源开展灭火，降低人员和财产损失。

区块链技术由于其特有的安全和透明度，在信息抗抵赖领域发挥着独有的作用。区块链技术可以获取数据流，它与智慧消防的融合可以更好地连接消防服务，提高消防管理的安全性和透明度，为认定消防责任事故溯源提供技术与数据支撑，为消防救援的远程自动化管理提供可靠性保障。

5.5.3 物防为保障

以物防为保障即建设消防资源物联平台，使资源管理有法可依、有迹可循。在居民生产生活中火灾案例屡见不鲜，其中不乏由于灭火手段失效导致火情失去控制，错失最佳灭火时机。因此有效地监控和管理消防资源是避免灭火能力不足最有效的手段。通过建设消防资源和装备管理平台，提高灭火救援科学化、智能化水平，消防部门将公共消防资源和装备有计划地更新在管理平台，社会部门在获得许可的情况下可通过该管理平台查找合适的消防救援资源作为应急灭火的备选方案。此外还能通过管理平台实现消防资源和消防设备的全生命周期管理，推动消防指挥从"盲目调派"转向"智能调派"。

随着科学技术的发展日新月异，智慧消防的建设思路也随之更迭，但系统的建设方式应该始终围绕用户最关心的痛点问题——更灵活的技术手段、更全面的监测场景、更便捷的管理方法——才能真正为用户所用，创造出应有的价值。

参考文献

[1] GB 50116—2013. 火灾自动报警系统设计规范 [S].

[2] GB 50016—2014. 建筑设计防火规范 [S].

[3] GB 50229—2019. 火力发电厂与变电站防火设计标准 [S].

[4] 李栋，张云明. 智慧消防的发展与研究现状 [J]. 软件工程与应用，2019，8（2）：52–57.

[5] 刘筱璐，王文青. 美国智慧消防发展现状概述 [J]. 科技通报，2017（5）：232–235.

[6] 佚名. 2018 智慧消防产业发展服务报告 [R]. 北京：消防产业智库，2019.

[7] 浦天龙、鲁广斌. 现代城市智慧消防探讨 [J]. 学术前沿，2019.

第**6**章

视 频 子 系 统

6.1　系统组成与架构

6.1.1　系统概述

变电站是输变电网的枢纽，安装有大量一次设备，还配套有二次设备、计算机设备、通信设备，任何设备都关系到变电站的安全运行，同时场地环境也影响着设备的运行状况。为了切实提高变电站设备运行管理水平，保证变电站的安全运行，有效实现对无人变电站的运行主设备及辅助设施的监控管理，把握设备的实时状况，实现变电站生产集约化、精细化、标准化管理，视频监控系统发挥着越来越重要的作用，其主要功能体现如下。

1. 重要设备的不间断监视

变电站运行人员的巡视与监视有一定的时间间隔和周期，难以做到对设备的不间断监视。因此，运行人员更多是对已经发生的、由保护及其他检测装置反映的异常或故障做出被动的反应。建立视频监控系统后，可通过该系统随时对设备进行大范围扫描和局部观察，以提高故障早期发现和预警的概率。

2. 高度危险设备的监视

对已出现异常征兆的设备进行巡视检查，或者对已发现缺陷或异常的设备进行操作而对该设备进行就近观测时，设备存在爆炸、断裂或跌落的隐患，运行人员进行巡视、监视或观测有一定的风险。采用视频监控系统后可减少这种风险。

3. 减轻运行人员的工作强度

变电站通常结线复杂、设备众多，设备巡视质与量的矛盾、运行要求与现场实际情况的矛盾较为突出。将运行人员的巡查与视频监控有机结合起来，能较好地提高巡视的质量和效率。

4. 有选择地对部分设备做不间断温度监测

电气设备的热效应是多种故障和异常的重要原因，因此对电气设备及众多电路连接点的温度进行监视与测量是变电站运行工作的重要组成部分。应用视频监控系统的红外热成像功能，可实现对成片区域扫描成像，大大提高温度监测的质量和效率。通过对数据进行适当处理还能获得温度沿设备表面的分布、温度变化率及变化趋势等重要信息，对变电站设备的安全运行极具意义。

5. 远程智能巡视

现代化大电网是一个庞大的分布式系统，其同步、协调、统一的运行特点要求变电站与电网调度中心、变电站与生产管理机关及安全监督部门间建立更为紧密的联系。以往主要由电话和网络数据通信构成的这种联系在许多情况下难以满足上述要求，而视频监控系统的应用，将使远距离外的相关指挥、管理部门对电网的指挥、控制、管理手段产生质的变化。采用远程智能巡视，一是实现实时监控，设备巡视点位全覆盖，重要设备要 24h 无死角监视；二是实现自动巡视，通过摄像机实现远程的例行巡视、熄灯巡视、特殊巡视、专项巡视、自定义巡视等；三是实现智能识别判别，实现设备缺陷、安全风险以及设备运行状态的智能识别，主动推送告知、告警信息；四是实现智能联动，当设备发生故障或其他状况时，自动生成视频巡视任务，按预置位智能化关联摄像机，自动调整摄像角度进行核查确认。

6.1.2 系统组成与架构

随着智慧变电站、集控站监控系统建设加速推进，变电站视频子系统成为在变电运维业务中不可缺少的一部分。基于智慧变电站、集控站、在线智能巡检系统等重要业务的不断演进和改造，越来越多的变电站视频子系统以"全面监控、智能运检、精益管理、本质安全"为建设目标。视频监控系统已不仅仅局限于安防视频监控应用，在支撑传统变电站安防监控的基础上，隔离开关位置视频双确认方式的一键顺控，以及基于固定高清视频摄像头与机器人的在线智能巡视等新业务得到了应用和推广。

变电站智慧型视频监控子系统采用三层架构，由传感层设备（摄像机、云台）、汇集层设备（交换机、电源）和站控层设备（工作站、服务器、硬盘录像机）构成，如图 6-1 所示。视频监控系统为站端辅控系统的重要组成部分，相关硬件服务器可与一键顺控、动环、安消防、门禁、在线监测等系统复用，并具备机器人接入条件。

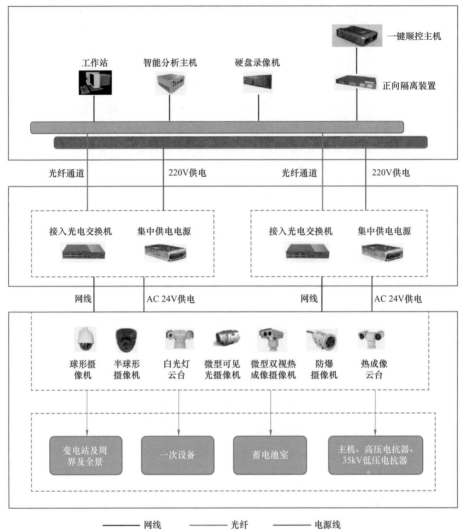

图6-1　视频监控子系统架构图

传感层设备包括各类摄像机，它将视频转换成电信号（数字摄像机同时还对原始视频进行编码压缩），然后通过相应的传输设备、线缆传输到变电站辅助系统后台。

汇集层是传感层设备接入到系统平台的传输通道，汇集层设备包括各类视频光端机（用于模拟摄像机传输）、光纤收发器和接入交换机（用于数字摄像机传输）等。传统的电信号在传输过程中易衰减、易受到强磁场的干扰；而光信号在传输过程中几乎不受强磁场的干扰，且光纤通道的带宽很大，能传输高清晰、强实时的监控视频和控制信号。所以近年来普遍采用光纤作为传输信道。

站控层设备包括工作站、服务器、硬盘录像机等，对传输回的模拟视频首先进行编码压缩转换成数字信息，与数字摄像机传回的数字视频信息一起进行集中管理、存储。集控中心的操作人员通过视频工作站实现对视频监控系统的实时监视、控制、录像回放、信息查询等操作。站端环境监测与报警子系统通过主站平台实现与视频子系统的联动。其他系统，如消防、变电站自动化等可以通过网络、串口与主站平台连接，实现视频子系统与这些系统的联动。

6.2 主要原理及功能

6.2.1 整体功能

变电站视频监视系统应具备安防监视和重要设备监视等基础功能、全站设备视频一键顺控监视，以及智能巡视功能，可根据变电站电压等级及实际应用需求配置。

（1）35～110kV 变电站配置安防监视和主变压器状态监视等基础应用功能，全站设备视频一键顺控监视和智能巡视功能按需选配。

（2）220～500kV 变电站配置安防监视和主变压器、高压电抗器等大型充油设备状态监视及全站设备视频一键顺控监视功能，全站设备视频智能巡视功能按需选配。

（3）特高压变电站（含换流站）配置安防监视主变压器和高压电抗器等大型充油设备状态监视、全站设备视频一键顺控监视及智能巡视功能。

变电站视频监控系统应能接收变电站主、辅设备监控系统的相关信号，并联动打开相应的摄像机画面、调取对应的预置位，实现抓拍、录像等功能，应包含智能联动、安防和重要设备监视、一键顺控监视功能。

（1）智能联动功能。

1）应支持主设备遥控预置信号、主辅设备变位信号、主辅设备监控系统越限信号和主辅设备监控系统告警信号的联动功能，应支持主辅监控系统向巡视主机和巡视主机向主辅监控系统发送联动信号功能。

2）巡视主机接到联动信号后，应支持根据配置的联动信号和巡视点位的对应关系自动生成巡视任务，由视频对需要复核的点位进行巡视。

3）应支持实时监控画面辅助人工开展核查工作，支持联动信号的实时监控画面链接快捷跳转功能，联动过程中保持一组画面全景展示联动设备状况。

4）应视频完成复核点位巡视后，可在巡视主机查看复核结果。

（2）安防和重要设备监视功能如下。

1）安防和重要设备监视应具备场地作业人员行为监视、变电站周界安全监视等安防功能，并实现主变压器、高压电抗器等大型充油设备全景鸟瞰监控，其中 220kV 及以上变电站主变压器、高压电抗器等大型充油设备间隔宜配置双光谱热成像测温云台高清摄像机，实现设备的实时红外测温。

2）安防监视摄像机应实现 24h 全天对安防区域（变电站大门、周界、各出入口）的监视，原则上不对超出安防区域的范围进行监视。

3）作业区监视摄像机满足对变电站内作业区的监视要求，即当变电站户内、外有检修作业时，对检修作业的现场及人员的行为进行监视，并对人员作业行为及环境状态进行分析。

4）全景鸟瞰监控按设备区域（如：500kV 设备区、220kV 设备区、110kV 设备区、主变压器设备区、电容器及电抗器设备区、母线设备区等）分区域对各区域内的电气设备进行全景鸟瞰监视。

5）主变压器、高压电抗器等大型充油设备状态监视应实现主变压器、高压电抗器等设备的全景、油位表、油压表、油标尺、主变压器泄漏电流仪表、冷却系统、主变压器控制屏柜等的监视。

（3）一键顺控监视功能。

1）变电站一键顺控系统，隔离开关位置采用视频双确认模式时，视频监控系统的智能分析及联动主机应与一键顺控系统复用。AIS 间隔的隔离开关设备，采用"全景+三相"的模式，GIS、HGIS 间隔的隔离开关采用"全景+分合指示"的模式，均配置一体化白光灯云台摄像机，用于全遥控操作时监视隔离开关的分合情况。

2）隔离开关分合闸位置双确认判据分为主要判据和辅助判据，其信号的采集应采用"辅助开关接点位置遥信+视频联动"的判断方式，其中辅助开关接点位置遥信作为主要判据，视频联动位置遥信作为辅助判据。

6.2.2 系统主要原理

1. 前端设备工作原理

（1）摄像机及其附属设备工作原理。摄像机是拾取图像信号的设备，即将监视场所的画面由光信号（画面）变为电信号（图像信号），如图 6-2 所示。目前，无论是彩色摄像机还是黑白摄像机，其光电转换的器件一般采用 CCD 器件，即"电耦合"器件。摄像机通过它的镜头把被监视场所的画面成像在 CCD 片子（靶面）上，通过 CCD 本身的电子扫描，把成像的光信号变为电信号，再通过放大、整形等一系列信号处理，最后变为标准的电视信号输出。

1）定焦距镜头：这种镜头焦距是不可变的，可变的只有光圈大小。它适合于摄取焦距相对固定的目标。

2）自动光圈、电动变焦距镜头：是目前常用的一种镜头。由摄像机输出的电信号自动控制光圈的大小，所以适用于光照度经常变化的场所。常用的电动变焦距镜头有 6 倍、8 倍、10 倍几种。

3）自动光圈、自动聚焦、电动变焦距镜头：这种镜头除具有自动光圈及电动变焦功能外，还有自动聚焦功能。当通过云台和电动变焦改变摄取方向及目标时，可以自动变焦。

图 6-2 高清摄像机和红外热成像仪

（2）云台工作原理。云台是承载摄像机进行水平和垂直两个方向转动的装置。云台内装两个电动机，一个实现水平方向的转动，另一个实现垂直方向的转动。水平转动方向的角度一般为 350°，垂直转动则在 ±35°、±45°、±75° 等。水平及垂直转动的角度大小可以通过限位开关进行调整。

室内及室外云台：室内云台承重小，没有防雨装置；室外云台承重大，有防雨装置。有些高档的室外云台除有防雨装置外，还有防冻加温装置。

承重：为适应安装不同的摄像机及防护罩，云台的承重应是不同的。应根据选用的摄像机及防护罩的总重量来选用承重合适的云台。

控制方式：一般的云台均属于有线控制的电动云台。控制线的输入端有五个，其中一个为电源的公共端，另外四个分为上、下、左、右控制端。

（3）硬盘录像机工作原理。硬盘录像机的原理是将视频信号送入计算机中，通过计算机内的视频采集卡完成 A/D 转换，并按照一定的格式进行存储。硬盘录像机可分为单路和多路硬盘录像机，按照工作方式可分为嵌入式和独立式系统两种。

2. 红外热成像技术原理

自然界中一切温度高于绝对零度（−273℃）的物体，每时每刻都辐射出红外线，同时这种红外线辐射都载有物体的特征信息，这就为利用红外技术判别各种被测目标的温度高低和热分布场提供了客观的基础。利用这一特性，通过光电红外探测器将物体发热部位辐射的功率信号转换成电信号后，成像装置就可以一一对应地模拟出物体表面温度的空间分布，最后经系统处理，形成热图像视频信号，传至显示屏幕上，就得到与物体表面热分布相对应的热像图，即红外热图像。运用这个原理能实现对目标进行远距离热状态图像成像和测温，并可进行智能分析判断，如图 6-3 所示。

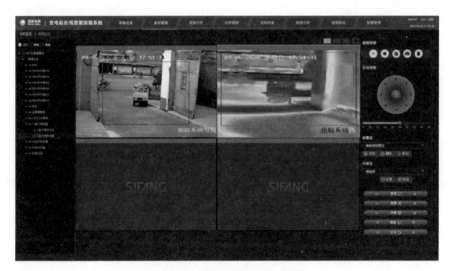

图 6-3 可见光和红外热成像

3. 视频智能分析技术原理

视频智能分析技术是一种基于目标行为的智能监控技术。首先将场景中的背景和目标分离，识别出真正的目标，去除背景干扰，进而分析并追踪在摄像机场景内出现的行为。图像比对技术通常采用背景减除技术来进行图像变化的检测（如入侵、异物等都是一种模式的图像变化），将视频帧与基准背景图像进行比较，相同位置的像素（区域）变化则认为是变化了的区域，对这些区域进一步处理、识别、跟踪，得到包括目标位置、尺寸、形状、速度、停留时间等基本形态信息和动态信息，完成目标的跟踪和行为理解之后，也就完成了图像与图像描述之间的映射关系，从而使系统进一步进行规制判定，直到触发报警。

传统图像处理方式：视频分析主机从接入的视频中读取每帧图像，并对输入图像进行预处理，如滤波、灰度转换等，然后对输入图像进行目标检测，判断其中是否有分析目标，最后根据需求对该目标进行具体分析。

采用了人工智能类脑分析算法：针对高清摄像机、机器人视频获取的可见光图像，结合典型缺陷特征识别、正常/异常状态判别"两条线"，对变电站的巡视中常见的鸟巢/异物、渗漏油、部件破损、金属锈蚀等变电场景算法模型开发、封装、集成，部署现场图形处理器节点提升算力，融入系统变电巡视作业应用，实现自动巡视过程中对设备缺陷、异常的自动识别，报告自动推送。

以 GIS 开关分合状态识别为例，有两个方向的算法，第一种是基于传统图像处理、基于颜色特征提取的开关状态自动识别算法，第二种是基于神经网络深度学习训练的算法。

基于传统图像处理，提取指示牌的红色、绿色像素个数，如果红色像素个数大于绿色像素个数，判定断路器状态为闭合；如果绿色像素个数大于红色像素个数，则判定断路器状态为打开，如图 6-4 所示。

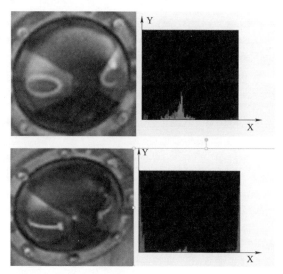

图 6-4　基于颜色特征的 GIS 开关分合状态识别

基于神经网络模型的开关状态识别，则是识别断路器开关指示牌符号，也是通过打标签、神经网络模型训练完成，如图 6-5 所示。

6.2.3　系统主要功能

视频监控系统功能主要包括基于 IP 网络传输协议和数字音视频压缩编解码技术实现的实时监控基本功能和利用数字图像处理、模式识别等相关技术实现的智能分析高级功能，如图 6-6 所示。

实时监控基本功能主要包括：实时视频预览、云镜控制、视频存储回放、语音通信、智能联动、系统管理等，如图 6-7 所示。

图 6-5　基于深度学习训练的 GIS 开关分合状态识别

智能分析	人员行为分析	环境状态分析	设备状态分析
	仪表读数识别	设备外观检测	视频质量诊断
实时监控	实时视频预览	智能联动	配置管理
	云镜控制	电子地图	权限管理
	视频存储回放	转发分发	告警管理
	语音通信	时间同步	系统管理

图 6-6　视频监控系统功能框图

图 6-7　视频监控子系统软件示意图

1. 实时预览

实时预览是通过安装在变电站的摄像机对室内外设备、人员、场地环境、大门等出入口、站内道路进行实时监控，清晰监视一、二次设备工作状态，人员行为和环境变化状况。实时预览还包括：预览画面的电子放大、抓拍、录像；通过分组切换、手动切换或按可设定周期自动轮巡预览；调整预览画面的亮度、对比度等参数；多码流切换；视频隐私遮盖、水印叠加；在多画面同屏实时播放结构下，自由选择和切换所要监控摄像机，选择范围包括变电站内不同的摄像机之间或同一摄像机的不同预置位之间。

2. 云镜控制

云镜控制主要指对摄像机云台和镜头的控制。

（1）云台控制：按照设定的转动步长对云台的上、下、左、右、左上、右上、左下、右下方向进行控制；对控制雨刮和辅助灯光开关的控制；按照设定的预置位及守望位控制云台；按照设定的巡迹路线转动，并且可以通过设置点间巡航，使摄像机在不同预置点之间进行巡航；通过 3D 定位可以实现目标的快速捕捉。

（2）镜头控制：自动调节镜头的变倍、焦距以及光距。

3. 存储回放

存储回放功能是指视频监控子系统可对前端设备接入的视音频流进行集中存储、统一管理，并能够根据用户需求进行历史视音频数据的检索和查看。

（1）视频存储（录像）方式：手动、定时、报警联动及预录像。

1）手动方式：可同时对多路视频进行存储，存储期间可随时撤销。

2）定时方式：可按照设定的起止时间自动对视频进行中心存储。

3）报警联动方式：可预先设置报警设备与摄像机预置位进行联动布防，当报警时，及时启动联动摄像机视频的进行木地化中心存储。

4）预录像方式：告警联动录像提供告警触发前至少 5s 的视频数据，方便事件发生后的分析，有利于责任与过错的明确。

（2）录像检索：视频可以按事件、通道号、录像类型、起止时间等条件进行录像资料的检索和回放。

（3）录像回放：主要包括支持多路同步回放、多路异步回放、切片回放、标签回放。回放时可以暂停、快放、慢放、前跳、后跳及鼠标拖动定位。可通过远程检索前端存储设备录像数据以及流式传输点播或下载指定时间的录像。

4. 语音通信

语音通信包括语音对讲和语音广播，视频监控子系统支持语音监听及客户端/用户与前端设置之间的与对讲录音，可实现视频监控子系统和前端单一设备或多台设备进行语音对讲或语音广播。语音对讲要求前端设备应具有声音输入和输出能力，实现客户端/用户与前端设备的语音交互。

5. 告警管理

实时监测移动侦测、视频丢失、视频遮挡、磁盘满及视频智能分析产生的多种类型的告警信息管理和报警联动动作。例如：接收到火灾、环境监测超过阈值等报警信号时联动报警区域的摄像机转到目标预置位（预先设置）进行抓拍、录像及客户端自动打开视频等动作，并且将报警和录像数据相结合，可由报警信息检索回放相应的图像录像。同时发生多点报警时，按报警级别高低优先和时间优先的原则显示存储，先上传严重报警点的图像，同等级别的报警按时间优先。当单个监控点发生报警时，可自动切换出报警画面作为主画面进行显示；当多个监控点产生报警时，各个报警画面以多画面的方式进行显示。

6. 电子地图

总体上反映前端监控设备的空间分布，让监控人员通过电子地图就能知道各个监控点设备的运行状态、基本信息、观看实时视频，并与故障报警子系统联动，在地图上显示故障点，直观反映故障位置，如图6-8所示。

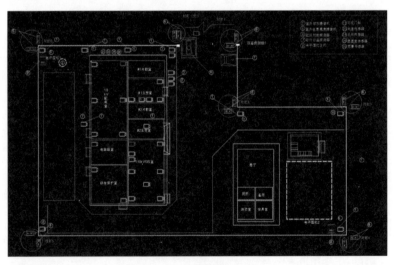

图6-8　电子地图示意图

7. 时间同步

时间同步是智能变电站运行的基本组成部分，对变电站运行的稳定起着重要的影响。它利用时间同步系统为智能变电站中的所有智能电子设备提供可靠稳定的时间同步信息。视频监控子系统基于统一的时钟源，采用网络时间协议

（NTP）进行时间同步。

8. 权限管理

权限管理是指按角色对用户进行权限管理、授权、用户等级设置。根据监控资源访问权限设定，访问权限包括实时预览、云台控制、录像回放、语音对讲等。控制权限支持分等级，不同控制权限等级的用户拥有不同的控制优先权。

9. 配置管理

视频监控子系统具有对站内视频设备和资源进行统一配置和管理的功能，用户可根据变电站视频监控实际应用需求，对站内的视频监控设备的接入、录像存储及回放、视频子系统与其主控、辅控之间的联动策略、视频智能侦测及智能检索和智能分析规则、算法参数进行配置。

10. 智能联动

视频系统接收变电站主、辅设备监控系统的信号，联动打开相应的摄像机画面、切换预置位、抓拍、录像，主要包括与主设备监控系统联动、一键顺控操作联动、与安全防范联动；与消防系统联动、与环境监测联动、与门禁系统联动、与在线监测联动，进一步可与一键顺控操作相结合形成视频双确认。

11. 智能识别判别

采用视频识别技术实时识别设备缺陷、安全风险以及设备运行状态的智能识别，主动推送告知、告警信息。

（1）安全风险类。实时识别安全风险类缺陷，主要包括人员行为分析和环境状态分析。

1）人员行为分析：人员作业安全（安全帽佩戴识别、工作服穿戴识别）、人员行为安全（跌倒、吸烟、打架斗殴、超过限高、人员聚集、徘徊、区域入侵、绊线入侵）、吸烟，见表 6-1 和表 6-2。

表6-1　　　　　　　　　　人员行为分析主要内容

功能项	功能描述
人员作业安全	通过监测现场作业人员着装、动作等，检测未戴安全帽、未穿工作服和误入间隔异常情况，实时输出告警
人员作业行为	实时监测变电站内人员的行为，判断打架、倒地等异常行为，实时输出告警
人员聚集检测	当检测区域内出现人员聚集时输出告警
绊线检测	当目标以指定方向穿越检测线时输出告警
徘徊检测	当同一目标在检测区域内运动超过一定时间时输出告警
入侵检测	当目标进入或离开检测区域时输出告警
人脸检测	当目标进入或离开检测区域时与系统中的黑白名单人脸库进行匹配，并输出匹配结果
吸烟检测	当检测区域内出现人员吸烟时输出告警
烟火识别	当检测区域内出现烟火时输出告警

表 6-2 安全风险检测示例

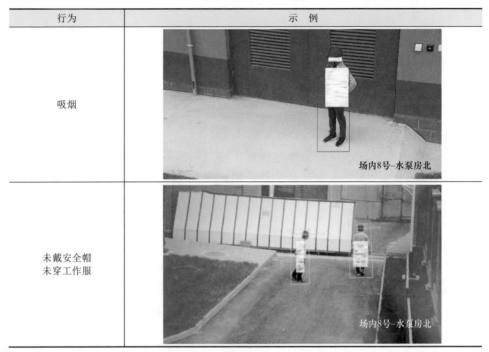

行 为	示 例
吸烟	场内8号-水泵房北
未戴安全帽 未穿工作服	场内8号-水泵房北

2）环境状态分析：物品遗留/丢失监测、异物入侵、异物悬挂识别、烟雾火灾识别、车辆安全管控、小动物识别、积水监测等，见表 6-3。

表 6-3 环境状态分析主要内容

功能项	功能描述
遗留物检测	当物体移入检测区域且保持静止超过一定的时间时输出告警
物体移除检测	当物体移出检测区域超过一定时间时输出告警
异物入侵检测	对变电站重要设备和区域进行实时监测，判断异物入侵、异物占道等情况，并实时告警
烟火检测	使用可见光或红外热成像智能分析技术，检测出以下异常并输出告警： 1）主变压器、开关柜、电抗器类等重点设备周边的烟雾、火焰； 2）变电站内作业区域的动火热源
周界安全管控	监测变电站周界围墙，判断人员入侵、动物入侵等异常情况，实时输出告警
车辆安全管控	实时对变电站内重要区域进行车辆检测，分析出车辆误入间隔、占道违停等异常情况，并实时输出告警
小动物识别	检测区域内出现小动物时输出告警
积水监测	检测区域内出现积水时输出告警

（2）状态识别类。识别设备状态类缺陷，类别包括油位状态、硅胶变色、压板状态、开关分合指示识别、刀闸位置识别、仪表读数识别、区域温度监测、视频质量诊断等，见表 6-4。

表 6-4　　　　　　　　　　状 态 识 别 示 例

类别	示　例
开关柜压板	
开关分合指示	110kV GIS室西南角
仪表读数	110kV GIS室-东南角球机
刀闸位置	1号主变压器西南角

（3）缺陷类识别。识别设备外观类缺陷，支持识别表盘模糊、表盘破损、外壳破损、绝缘子破损、地面油污、呼吸器破损、箱门闭合异常、挂空悬浮物、鸟巢、盖板破损或缺失等缺陷；宜支持识别绝缘子裂纹、部件表面油污、金属锈蚀、门窗墙地面损坏、构架爬梯未上锁、表面污秽等缺陷，见表6-5。

表6-5　　　　　　　　　　缺 陷 检 测 示 例

类别	示　例
表盘模糊	
表盘破损	
外壳破损	

续表

类别	示　例
盖板破损	
呼吸器 （硅胶变色）	
呼吸器 （硅胶筒破损）	
绝缘子破裂	

类别	示 例
渗漏油地面油污	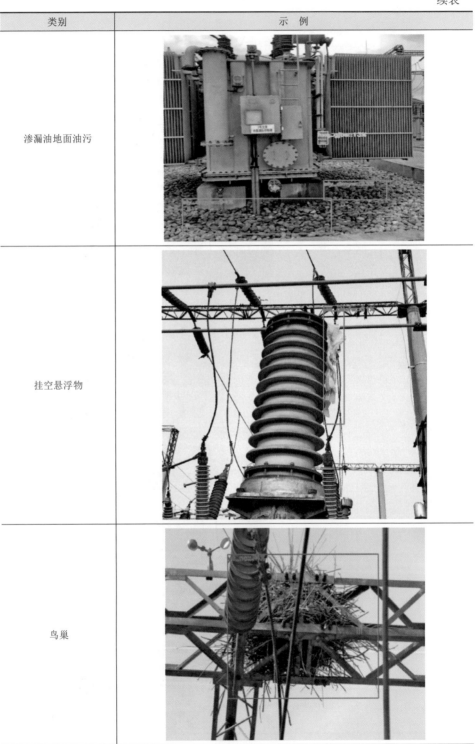
挂空悬浮物	
鸟巢	

（4）异常判别。异常判别指设备异常变化的判别功能，异常变化包括箱门闭合变化、消防设施位置变化、隔离开关分合变化、表计读数的大幅值变化、设备破损变化、画面异物位置变化、指示灯变化、开关压板位置变化、设备装置位置变化，见表 6-6。

表 6-6   异 常 判 别 示 例

类别	示 例
读数异常	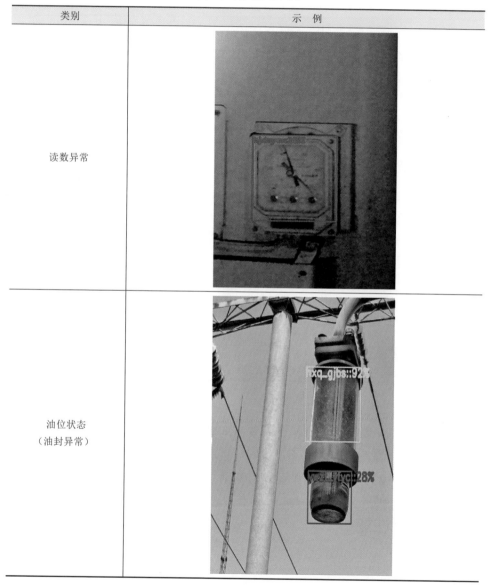
油位状态 （油封异常）	

（5）视频质量诊断。诊断由于前端设备损坏或传输环节故障引起的信号丢

失现象，包括黑屏、白屏、叠加文字屏等，见表6-7。

表6-7 视频质量诊断主要内容

功能项	功能描述
信号丢失	诊断由于前端设备损坏或传输环节故障引起的信号丢失现象，包括黑屏、白屏、叠加文字屏等
图像模糊	诊断由于聚焦不准引起图像边缘不清晰的情况
对比度低	诊断由于摄像机镜头蒙上灰尘、水汽、人为遮挡或者内部故障，造成图像对比度低而发蒙的情况
图像过亮	诊断由于摄像机增益异常、曝光不当、强光照射等各种原因引起画面过亮
图像过暗	诊断由于摄像机增益异常、曝光不当、光线很低等各种原因引起画面过暗
图像偏色	诊断由于色彩平衡出现故障、视频线路接触不良、信号干扰等原因造成的视频画面发生色偏甚至某种颜色缺失的故障
噪声干扰	诊断由于视频信号干扰、线路接触不良、光照不足等引起的点状、尖刺等图像质量故障
条纹干扰	诊断由于线路老化、接触不良、线路干扰（工频、音频、高频信号）导致的横条、波纹等带状、网状等噪声故障
黑白图像	诊断由于摄像机日夜功能模式切换异常、图像信号强度弱等原因造成的图像颜色为黑白的异常情况
视频遮挡	诊断监控点视频镜头被全部遮挡出现的异常情况，通常表现为画面黑暗、对比度低
画面冻结	诊断由于传输系统异常导致的画面冻结的故障，一般表现为画面静止不动，包括时标屏幕菜单调节方式（OSD）部分不动
视频剧变	诊断摄像机视频信号异常或受到干扰导致视频图像剧烈变化的故障，一般表现为画面不停闪烁、跳变、画面扭曲等
视频抖动	诊断摄像机信号受到干扰或者摄像机安装不牢固导致图像不停抖动的故障
场景变更	诊断摄像机因为人为或环境原因导致摄像机被偏转、摄像头被遮挡、摄像机角度或位置发生变化而导致的画面变更的情况

12. 一键顺控视频双确认

站端一键顺控操作时，视频子系统可即时联动，对相应设备（隔离开关、断路器、主变压器等）的监控场景在同一页面上进行关联性显示，在同一页面上显示对该设备的智能分析结果，并将判别结果传输给主辅设备监控系统。

6.3 系统性能

6.3.1 硬件性能指标

硬件主要性能指标见表6-8。

表 6-8　　　　　　　　　　　　硬 件 主 要 性 能 指 标

性能项	技术参数
视频工作站	（1）支持 128 路及以上的视频接入。 （2）支持 1080P 以上高清视频的解码显示能力。 （3）支持接入带宽不低于 400Mbit/s。 （4）支持转发带宽不低于 400Mbit/s。 （5）CPU 不低于 3GHz 主频，不低于 4 核。 （6）内存不低于 16GB。 （7）硬盘空间不低于 1TB。 （8）不少于 2 个千兆网口
智能分析主机	（1）CPU 不低于 2.4GHz 主频，不低于 8 核。 （2）内存不低于 32GB。 （3）不低于 8GB 显存独立显卡。 （4）硬盘存储容量不低于 2TB。 （5）配置双热插拔冗余电源。 （6）满足 7×24h 运行需要，支持上电自启动功能
硬盘录像机	（1）视频通道接入路数应不少于 32 路。 （2）网络带宽：接入 384Mbit/s，储存 384Mbit/s，转发 384Mbit/s。 （3）硬盘数量应不少于 8 块，单盘容量支持 4TB。 （4）视频同步回放路数应不少于 16 路
球形摄像机	（1）分辨率不低于 1920×1080。 （2）最低照度：彩色为 0.005Lux@F1.5，黑白为 0.000 5Lux@F1.5。 （3）支持光学变倍≥30 倍，数字变倍≥16 倍。 （4）宽动态≥120dB，信噪比≥55dB。 （5）预置点个数支持≥300 个。 （6）支持红外照射≥150m。 （7）水平及垂直范围：水平 360°连续旋转，垂直−15°～+90°。 （8）旋转速度：水平速度≥240（°）/s，垂直速度≥200（°）/s，速度可调
云台摄像机	（1）支持 H.264/H.265 高效压缩算法。 （2）支持多码流技术，每路码流可独立配置分辨率及帧率。 （3）支持宽动态、3D 降噪、强光抑制、背光补偿、电子防抖。 （4）支持 3D 定位，可通过鼠标框选目标以实现目标的快速定位与捕捉。 （5）支持音频输入和音频输出，采用 G.711A 音频压缩标准。 （6）支持视频参数调节功能，包括音视频传输模式设置（视频、音频及音视频同传）、音视频通道设置、视频图像参数设置（色度、灰度、对比度、亮度）、音视频编码参数设置（编码类型、分辨率、定/变码流类型、码率大小）、视频 OSD 参数设置（日期、时间、通道名称等）。 （7）支持感兴趣区域（Region of Interest，ROI）编码，区域入侵、绊线入侵、物品遗留/消失、场景变更等检测功能。 （8）支持报警输入和报警输出，支持报警联动功能。 （9）支持预置位巡航、巡迹、水平旋转。 （10）支持守望位功能。 （11）支持红外/白光补光
全景摄像机	（1）全景视频分辨率支持 4096×1800 或 4096×1800×2，球机视频分辨率支持 1920×1080。 （2）最低照度：彩色为 0.001Lux@F2.2，黑白为 0.000 1Lux@F2.2。 （3）支持光学变倍≥48 倍，数字变倍≥16 倍。 （4）宽动态≥120dB，信噪比≥56dB。 （5）预置点个数≥300 个。 （6）支持红外照射全景≥30m，球机：≥450m。 （7）水平及垂直范围：水平 360°，垂直−15°～+90°。 （8）旋转速度：水平速度≥240°/s 垂直速度≥200°/s，速度可调。 （9）防护等级：≥IP66。 （10）−30～+60℃工作温度

续表

性能项	技术参数
微型可见光摄像机	（1）传感器：≥1/2.8"CMOS。 （2）分辨率：≥1920×1080。 （3）H.265 压缩编码。 （4）最低照度：彩色为 0.005Lux@F1.6，黑白为 0.000 5Lux@F1.6，补光开启，0Lux，宽动态、强光抑制功能。 （5）满足 15～28cm 或 25～40cm 清晰可见。 （6）具备暖白光补光功能，照射距离≥1m。 （7）防护等级：≥IP66。 （8）−30～+60℃工作温度。 （9）支持 PoE 供电。 （10）采用小型化设计，尺寸≤110mm×90mm×80mm
微型双视红外热成像摄像机	（1）热成像。 1）探测器：氧化钒非制冷红外焦平面。 2）分辨率：≥256×192。 3）测温范围：−10～+400℃。 4）测温精度：±2℃或±2%。 5）测温功能：支持实时点测温。支持最高温十字定位。支持 1 条线测温、10 个框测温和 10 个点测温。支持预置位测温。超温告警：在探测温度区域中有超过预设温度时，可发出报警信号。 水平视场角：≥50°。 （2）可见光。 1）≥1/2.8"CMOS 传感器。 2）≥1920×1080 分辨率。 3）H.265 压缩编码。 4）最低照度：彩色为 0.005Lux@F1.6，黑白为 0.000 5Lux@F1.6，补光开启，0Lux。 5）宽动态、强光抑制功能。 6）红外夜视补光距离≥1m。 （3）其他。 1）防护等级：≥IP 66。 2）−30～+60℃工作温度。 3）支持 POE 供电。 4）采用小型化设计，尺寸≤300mm×110mm×100mm
半球形摄像机	（1）采用高性能 200 万像素 1/2.8 英寸 CMOS 图像传感器，低照度效果好，图像清晰度高。 （2）可输出 200 万（1920×1080）@25fps 实时图像。 （3）支持 H.265 编码，压缩比高，实现超低码流传输。 （4）内置红外补光灯，最大红外监控距离 30m。 （5）支持走廊模式，宽动态，3D 降噪，强光抑制，背光补偿，数字水印，适用不同监控环境。 （6）支持绊线入侵、区域入侵、快速移动（三项均支持人车分类及精准检测）、物品遗留、物品搬移、徘徊检测、人员聚集、停车检测、热度图。 （7）支持报警 2 进 2 出、音频 1 进 1 出、256G Micro SD 卡。 （8）支持 IP 67、IK10 防护等级
红外热成像摄像机	（1）分辨率：热成像≥384×288，可见光≥1920×1080。 （2）最低照度：彩色为 0.001Lux@F1.5，黑白为 0.000 1Lux @ F1.5。 （3）热灵敏度：≤40mK。 （4）测温范围：−20～+500℃。 （5）温度分辨率：0.1。 （6）精度：±2℃或±2%（读数范围），取大值。 （7）测温距离范围：≥6～20m。 （8）宽动态≥100dB；信噪比≥55dB。 （9）预置点个数支持≥300 个。

续表

性能项	技术参数
红外热成像摄像机	（10）支持 30 倍光学变倍，16 倍数字变倍。 （11）预置点个数最大支持 300 个。 （12）支持红外照射距离：≥150m。 （13）旋转角度：水平 360°连续，垂直−90°～+40°，误差小于等于±0.1°。 （14）旋转速度：水平≥160（°）/s，垂直≥60（°）/s，速度可调
移动布控球形摄像机	（1）分辨率不低于 1920×1080。 （2）最低照度：彩色为 0.015Lux@F1.6，黑白为 0.001Lux@F1.6。 （3）支持光学变倍≥30 倍，数字变倍≥16 倍。 （4）宽动态≥120dB，信噪比≥56dB。 （5）预置点个数支持≥255 个。 （6）支持红外照射≥80m。 （7）水平及垂直范围：水平 360°，垂直−20°～+90°。 （8）旋转速度：水平速度≥100（°）/s 垂直速度≥90（°）/s，速度可调。 （9）内置可拆卸锂电池，支持 8h 连续工作
防爆球形摄像机	（1）传感器：≥1/2.8"CMOS。 （2）分辨率：≥1920×1080。 （3）H.265 压缩编码。 （4）彩色为 0.006Lux@F1.6，黑白为 0.002Lux@F1.6。 （5）宽动态、强光抑制功能。 （6）光学变倍不小于 30 倍。 （7）旋转速度：水平≥60（°）/s，垂直≥45（°）/s。 （8）不少于 300 个预置位。 （9）支持绊线入侵、区域入侵、穿越围栏、徘徊检测、物品遗留、物品搬移、快速移动、人员聚集等多种行为检测。支持多种触发规则联动动作；支持目标过滤。 （10）防爆标志：Ex d IIC T6 Gb/Ex tD A21 IP68 T80℃。 （11）−40～+60℃工作温度
管理服务器	（1）支持视频监控、动环监控、人脸监控、门禁监控、车辆管控、电子地图、场景监控、热成像、智能识别。 （2）设备生产安全。智能巡检：生产设备故障热成像测温专家诊断、生产设备与场景的智能巡检分析，包括压板状态分析、设备外观检测、室内开关、指示灯、开关标识、隔离开关类、油位表计、LED 数字分析、指针式仪表。 （3）作业人员安全。安全生产：安全生产管控与预警、防区布撤防、作业任务实时分析。 （4）环境安全。动环监控：动力、环境、安防、消防与视频的立体化场景监控。 （5）支持 AR 全景、人脸监控、门禁等安防业务。 （6）数据可视化 （7）设备接入数据、告警数据、设备安全数据、作业安全数据。 （8）集成联网。 1）支持 GB 28181 协议级联； 2）支持国家电网 B 协议、A 协议。 3）可扩展 104/61850 等
分析服务器	（1）支持≥8 路（1080p 视频流）作业管控。 （2）支持≥2 路（1080p 视频流）仪表巡检。 （3）支持≥30 万张名单库，≥50 个名单库。 （4）支持≥12 路人脸识别（1080p 视频流）或≥40 张/s 图片流比对报警。 （5）支持≥1000 万条人脸历史抓拍库。 （6）支持≥32 路周界防范，每路支持 10 条规则。 （7）支持≥500 万条周界防范告警。 （8）支持联动录像、抓图、日志、蜂鸣、邮件、预置点、本地报警输出、IPC 报警输出、门禁、语音播报

续表

性能项	技术参数
硬盘录像机（NVR）	（1）网络视频接入路数：256 路。 （2）接入分辨率：16MP/8MP/6MP/4MP/3MP/1080p/720p/D1/CIF。 （3）码流类型：视频流/复合流。 （4）视频回放：≥32 路 1080P。 （5）双码流：支持。 （6）硬盘接口：支持 48 个 SATA 硬盘，1 个 eSATA 接口，支持 10TB 大容量硬盘。 （7）硬盘使用模式：单盘、RAID0、RAID1、RAID5、RAID6、RAID10、RAID50、RAID60、JBOD、Hot−Spare（热备）。 （8）USB 接口：≥2 个，USB2.0。 （9）HDMI 接口：1 个，分辨率：1024×768/60Hz、1280×720/60Hz、1280×1024/60H、1920×1080p/50Hz、1920×1080p/60Hz、2560×2048p/60Hz。 （10）VGA 接口：1 个，分辨率：1024×768/60Hz、1280×720/60Hz、1280×1024/60Hz、1920×1080/50Hz、1920×1080/60Hz、2560×2048/60Hz。 （11）网段跨接：支持至少 2 个不同 IP 地址段的 IPC 设备接入。 （12）网络接口：至少 4 个 RJ 45 10/100/1000Mbit/s 自适应以太网口。 （13）工作温度：−10～+55℃。 （14）工作湿度：10%～90%，无冷凝。 （15）整机功耗：≤800W（含硬盘）。 （16）电源供应：AC 110～220V，带电源开关。 （17）机箱：19 英寸标准机箱

6.3.2 监控及分析效率对比

传统变电站视频系统与智慧型变电站视频系统对比见表 6−9。

表 6−9　　　　　传统变电站视频系统与智慧型变电站视频系统对比

比较项目	传统变电站视频系统	智慧型变电站视频系统
监视工作量	人工监视，工作量大	自动监视、无人化，工作量小
信息预警	无法预警	提前预警安全风险、环境异常
智能联动	无	主、辅设备监控系统智能联动
视频双确认	无	一键顺控操作相结合，视频双确认
巡检方式	人工巡检	高清视频与机器人联合智能巡视

1. 传统变电站视频系统

（1）目前多用作实时画面监视、历史画面回看等简单应用。在无人值守情况下，远程监视和分析各站视频内容工作量大，容易遗漏信息。

（2）无法通过视频画面提前预警安全风险及环境异常信息。

（3）事件发生时，无法及时获得视频画面信息，只能事后采用人工方式检索、回放事件发生期间视频。

（4）视频子系统独立运行，与Ⅰ主控、顺控Ⅱ区辅控均无法形成联动。

（5）缺少智能分析功能，无法实现视频自动巡检及时发现设备状态异常等重要信息。

2. 智慧型变电站视频系统

（1）实现主设备、视频、灯光、在线监测等系统信息共享互通，一体化监控平台对各类信息进行综合分析和研判，安防、火灾等异常情况发生时，视频监控系统可自动实现与多系统联动。

（2）与一键顺控操作进行联动，实现视频双确认，提高操作效率。

（3）结合变电站运维的特殊性和自身视频监控系统的特点，加入智能视频分析技术，高清视频与机器人联合智能巡视，提升运维便利性。

（4）利用视频智能分析技术提前预警安全风险及环境异常信息。

3. 系统性能指标

系统性能指标见表 6-10。

表 6-10 系 统 性 能 指 标

性能项	技术参数
基本要求	（1）视频控制切换响应时间＜2s。 （2）监控画面显示与实际事件发生时间差＜2s。 （3）系统平均无故障工作时间 MTBF≥3000h
图像识别	（1）算法模型检出率不应低于 70%。 （2）算法模型误检率不应高于 40%。 （3）算法模型平均运行时间应小于 1500ms
图像判别	（1）算法模型检出率不应低于 70%。 （2）算法模型误检率不应高于 40%。 （3）算法模型平均运行时间应小于 1500ms
视频双确认	（1）隔离开关位置判别准确率＞99%。 （2）分合异常故障漏报率＜0.1%
数据存储	（1）图片等文件存储时间≥90d。 （2）告警数据等结构化数据存储时间≥3 年

6.4 系统对比分析

视频子系统的基本任务是把现场摄像机信号传送到站控层后台和把站控层后台的控制信号传送到现场。图像传输分为两类，一类是模拟信号的传输，包括视频信号的传输和控制信号的传输两部分；另一类是数字信号传输，由于网络摄像机在前端将视频信号和控制信号进行混合编码输出数字信号，因此传输系统只是数据传输。

1. 模拟视频信号传输

视频信号的传输直接影响到监视的效果。目前模拟视频信号的传输介质有许多种，常用的有同轴电缆和光纤。

同轴电缆的内导体上用聚乙烯以同心圆状覆盖绝缘，外导体是软铜线编织物，最外层用聚乙烯封包，这种电缆对外界的静电场和电磁波有屏蔽作用，传输损失也小。同轴电缆的优点是不需要额外设备，可以直接与摄像机相连；缺点是传输距离较短，一般小于 300m，在强电磁环境下有时会受到干扰，影响图像质量。

随着光技术的发展，光纤开始应用在图像传输中，光纤采用光作为数据载体，具有不受电磁干扰、传输距离远、传输容量大、视频信号和控制信号共纤传输等优点，缺点是需要配置视频光端机，增加成本。

由于变电站占地面积大，尤其是 500kV 及特高压变电站等电压等级较高的变电站，且室外设备区电磁场强，常规的同轴电缆无法满足室外区域监控点的长距离传输，因此高速智能球形摄像机图像采用光纤传输，可最大程度减少电缆的使用，保证传输图像的清晰。高速智能摄像机通过同轴电缆与视频光端机连接，将电信号转换成光信号通过光纤传输到监控室。

模拟视频信号传输结构如图 6-9 所示。

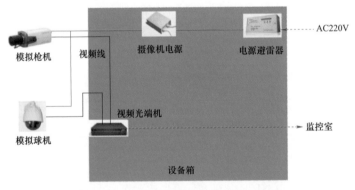

图 6-9　模拟视频信号传输结构示意图

2. 数字视频信号传输

随着科学技术的发展和网络技术的普及，网络摄像机逐步占据了市场的主导地位。网络摄像机较传统模拟摄像机而言，有其明显的技术优势：

（1）安装设备少。无须同轴电缆、视频分配器等庞大的设备，通过软件即可实现多对多（多个监视器监察多个摄像机），工程成本大幅降低。

（2）监控范围广。充分利用网络资源，走宽带网络图像传输，直接实现远程监控。

（3）操作方便。利用网络技术，可远程调节视频亮度、对比度等，尤其是带云台控制的网络摄像机，可以很方便地切换视角、控制云台。

网络摄像机采用数字信号传输，因此抗干扰能力强，可以直接使用双绞线传输数据，但由于网线只能传输 100m 左右，当网络摄像机距离监控室超过 100m 时，需要采用光纤传输，以保证数据传输的稳定可靠。网络摄像机通过网线与光纤收发器连接，将电信号转换成光信号通过光纤传输到监控室。

数字视频信号传输结构如图 6－10 所示。

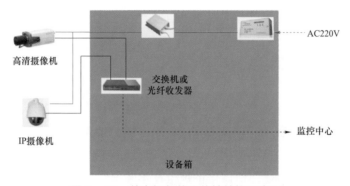

图 6－10　数字视频信号传输结构示意图

3. 对比分析

尽管现代数字视频技术发展较快，但模拟视频仍占据一定的市场。数字视频和模拟视频的主要区别如下（见表 6－11）：

（1）从视频信号来讲，模拟视频信号具有成本低和还原性好的特点，视频画面色彩逼真，但是它记录的信号和图像经长期存放后，质量大大降低，失真较明显。而数字视频信号可以不失真地进行无数次复制，可以对信号进行非线性编辑，便于长期存放。

（2）从摄像机前端来讲，模拟视频不需要压缩，图像质量好，但占用资源较多，存储检索不方便；数字视频需要服务器和模拟摄像机，图像经过压缩后会有不同程度的损失。

（3）从传输线路来讲，模拟信号传输距离理论上只有 1200m，当传输距离超过 1000m，信号容易产生衰耗、畸变，并且易受干扰，使图像质量下降；而数字信号可以被局域网内的所有主机访问，大大扩大了监控范围。

表6-11 数字模拟视频对比

比较项目	模拟视频		数字视频	
	优点	缺点	优点	缺点
信号质量	还原性好	不便存储	存储质量好	原始图像易损耗
摄像机	图像质量好	占用资源多	占用资源少	图像压缩有损失
传输线路	成本低	距离短易受干扰	可多点访问	成本较高

因此，根据表6-11对比可以看出，模拟视频在画面实时显示上占有优势，而数字信号在信号存储方面效果较好。目前，市面上出现了较多的网络摄像机，同时带有模拟视频信号和数字视频信号接头，这样可以很方便地解决实时监控与视频存储的难题，同一信号可以两路传输。

6.5 系统发展趋势

从当前的发展形势来看，我国变电站的视频监控系统正逐步向智能化、无线化、便捷化方向发展。随着设备集成技术和工艺的快速发展，视频监控系统的很多设备都在逐步实现小型化、集成化，而随着网络技术的快速发展，变电站视频监控系统的网络化、一体化进程也在不断推进。

6.5.1 智能化

在现有的变电站视频监控系统中，监控设备的运行、数据的传输、数据的处理等都需要人工进行甄别和操作，不仅效率低下，而且长期大负荷的工作也容易使人疲倦，从而影响变电站视频监控系统的可靠运行，严重情况下甚至可能因人为疏忽导致大的事故。而人工智能技术的应用能够使监控设备等根据机器学习形成的智能模式，自动对变电站所有设备设施实行 24h 自动巡检及智能预警，全面替代人工现场巡视。目前，针对变电站的无人值班、全面监控、智能运维还处于研究试点阶段，随着人工智能技术的发展和成熟，基于视频子系统实现的无人值班、全面监控、智能运维必将在变电站管理中得到更广泛的应用。

变电站配置的视频监控主机应支持主流硬盘录像机协议接入，实现站内视频监控、管理、联动和上传功能。视频监控主机预留与地市级变电信息综合处理边缘物联代理接口。视频监控主机应具备实时视频预览、回放、云镜控制、参数调节、预置位配置、视频信息上传等基础功能及联合巡检、视频联动、控制优先级管理功能。

视频分析主机应支持人员越界、进/出区域、物品遗留/丢失、安全帽佩戴识别、烟雾火灾识别、异物悬挂识别、开关分合指示识别、刀闸位置识别、油位仪表识别、温度识别等视频图像分析、预警、语音告警等高级应用功能，可按需配置。

利用视频智能分析识别技术，视频子系统具备设备状态、站内环境、人员行为自动识别功能，定时进行图像采集、分析、比对，及时发现设备外观异常变化及环境异常；能实现设备状态、站内环境的远程巡视，配置工业视频与机器人联合自动巡检功能，配置联合智能巡检策略，及时发现设备、环境异常，实现无人值守变电站远方智能巡视。

6.5.2　无线化

传统视频监控终端需预先设计安装位置并预埋管，现场往往因为预埋管位置不佳、预埋管径过小、埋管堵塞等问题导致土建成品重新砸除开槽；此外，视频监控终端往往缺少铠装层保护，较为脆弱，线缆一旦损坏检修工作量大。若要实现对变电站的全面监控，需在分布分散的区域配置大量摄像机，其连接线缆用量将大幅上升，布置及安装也更难以保证精细化设计及施工，且运行中耗费的维护成本及维修成本难以估量。无线通信是目前广泛应用的一项通信技术，相对于传统的有线通信，具有部署快速、覆盖范围广、接入灵活、投入和维护成本低，以及良好的扩展性等优势，是未来视频监控子系统尤其是摄像机等前端设备的发展趋势。

摄像机等前端设备的无线化包括信号传输的无线化和设备供电的无线化。信号传输可采用 WiFi、4G 以及 5G 技术，结合汇集层设备的通信形式、经济技术成本等灵活选用。无线信号传输技术在变电站中的应用上需有安全防护措施，如基于安全芯片的物—物互信、信息传输加密、终端行为监控等。

设备供电的无线化，可采用风光互补系统实现供电。摄像机、太阳能电池组件、风机、控制箱（内有控制器）、立杆、附件等几部分构成。风机和太阳能作为摄像机等终端设备电能的来源可同时发电，通过充放电控制器将电存储在蓄电池中，蓄电池通过充放电控制器为终端设备提供电能。

6.5.3　便捷化

为了满足变电站一键顺控、智能巡检的要求，云台摄像机或球形摄像机无法安装在特殊点位（如被遮挡的 SF_6 表计、屏柜内）；或对摄像机数量需求较大，选择云台摄像机或球形摄像机成本太高，此时普遍选用微型摄像机。微型摄像机体积小，造价低，安装便捷，可有效作为云台摄像机或球形摄像机监控盲区的补充。

目前云台摄像机或球形摄像机普遍体积较大，安装使用不便。随着变电站全面监控要求的提出，变电站对视频监控的深度和广度都大幅提高，摄像机未来需要在功能提升的同时实现小型化、功能整合化、安装维护便捷化，在摄像机数量不大幅增加的基础上完成对变电站的全面监控。

6.5.4　边缘计算

目前大部分的视频智能分析处理及智能策略都是在站控层监控后台实现的，随着硬件性能及摄像机处理芯片性能的不断提升，视频子系统智能分析算法开始前置，智能策略及基础行为被内置到了网络摄像机上。

出现这种演变的原因有以下几点：从应用上看，网络摄像机部署的数量和规模越来越大，采用后端实现智能功能的压力会越来越大，甚至无法承受；从效果上看，智能分析越靠近前端现场，分析结果的响应速度越快、防范越及时；从技术发展上看，由于摩尔定律的存在，网络摄像机的处理性能在快速增长，充裕的计算能力能够承担更多算法应用。因此，对于视频监控系统来说，与图像相关的智能功能必然会前置到网络摄像机这一侧，边缘计算在安防监控系统中会变得越来越强大。

同时，边缘计算的强大与中心计算并不矛盾，中心计算依然需要不断增强，因为边缘计算解决的是系统单点监控的问题，而中心计算需要解决的是系统整体监控与布控的问题。

边缘计算与中心计算在本质上没有矛盾也不冲突，事实上它们是一个互补的关系，边缘计算为中心分担计算量，中心计算将边缘计算的单点孤立信息汇聚成系统化的信息，使信息更加全面完整，为事前预警提供更强大的信息基础。

▣ 参考文献

[1] Q/GDW 1517.1—2014. 电网视频监控系统及接口　第 1 部分：技术要求 [S].

［2］Q/GDW 11509—2015. 变电站辅助监控系统技术及接口规范［S］.

［3］智慧变电站试点工程视频监控系统技术要求（试行）［S］.

［4］王友聪. 井下视频信号传输方式的优劣对比［J］. 新疆有色金属，2013，
36（S1）：243－245＋248.

［5］张德雷. 智能变电站安全视频监控系统的应用与发展趋势［J］. 中国安防，
2015（12）：22－26.

第**7**章

在线监测子系统

7.1 系统组成与架构

7.1.1 系统概述

在变电站智能化监测系统中，随着技术的发展，基于物联网和无线低功耗技术的设备状态感知智能传感器能自动检测设备状态，通过现场物联网完成数据汇集，采用汇集节点获取智能传感器历史检测数据，感知数据覆盖特高频局部放电、高频局部放电、超声波局部放电、射频、振动、铁芯/夹件接地电流、温度、油色谱等传感单元技术发展。

变电站在线监测子系统的总体建设目标是实现变电站设备设施的无人监控值守，保障变电站设备的安全稳定。总体建设思路是通过各类型物联网技术将已建和新建的监测子系统设备设施互联互通，实现变电站监控系统数据采集智能化、信息化的目的；最后通过在线监测子系统平台的建设，实现智能运检体系感知层与应用层的互联互通，大幅降低人工现场检测工作量，提升电网设备运检效率。

7.1.2 系统架构

变电站在线监测子系统由平台层、网络层、感知层组成，具体架构如图 7-1 所示。

1. 感知层

感知层通过物联网和无线低功耗技术的设备状态感知智能传感器，自动检测设备状态，并通过现场物联网完成数据汇集，采用汇集节点获取智能传感器历史检测数据，感知数据覆盖特高频局部放电、高频局部放电、超声波局部放电、射频、振动、铁芯/夹件接地电流、温度、油色谱等传感单元；实现运维人员巡视工作的信息化，运维人员仅需在智慧平台上简单操作即可将巡检任务和巡检信息回传到系统平台上，减少人工抄录工作量，提升作业效率。

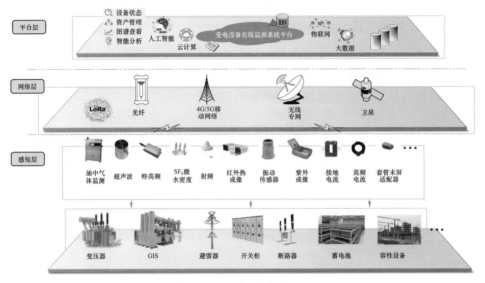

图7-1　在线监测子系统架构图

2. 网络层

网络层分调度数据网络和公共网络。

对于有线网络传输设备，直接接入调度数据网络，依托现有的数据网络安全通道实现数据的加密传输。为了确保方案稳定性，就地设备可采用双网接入的方式，避免由于单条链路网络波动或故障导致系统瘫痪。

对于公共网络的设备，根据《网络安全防护规定》，通过安全接入区或虚拟专用网络（VPN）实现外网数据接入，以保证数据传输安全。

3. 平台层

平台层具备实时视频监控、信号互转、信息显示、异常告警、数据存储和报表自动生成等功能。为运维人员提供及时、可靠的数据信息，及时发现设备缺陷或异常，从而实现智能化巡检管理，具有客观性强、标准化、智能化、效率高等特点。

7.1.3　系统介绍

变电站在线监测子系统主要由变压器综合在线监测、GIS 在线监测、避雷器在线监测、开关柜在线监测、断路器在线监测、蓄电池在线监测、高压容性设备绝缘在线监测、红外热成像在线监测、紫外成像监测等组成。

1. 变压器综合监测

变压器综合监测是基于物联网和无线低功耗技术的设备状态感知智能传感器，自动监测和分析设备状态。感知数据覆盖局部放电（高频、超声波、特高频、射频）、振动、铁芯/夹件接地电流、温度、油色谱等传感单元通过现场物联网收集感知层采集到的各种数据，进行边缘计算、图谱显示、实时告警等功能。现场监测数据通过以太网或电力 APN 通道或者 5G 专网直接上传到辅控系统，实现变电站智能诊断模块之间的互联互通，大幅降低人工现场工作量，提升电网设备运检效率。

2. GIS 在线监测

（1）密度微水在线监测技术。密度微水在线监测技术实时采集微水含量数据、密度数据、温度数据、压力数据等关键信息并自动存储，分析数据变化趋势（数据可保存 15 年以上），判断设备状态和预测设备故障，从而避免微水含量逐步增加、因漏气导致压力逐步下降等累积型故障导致的突发停电等事故。

密度微水在线监测系统主要由密度微水监测器、密度微水通信管理单元、密度微水软件服务器后台构成。监测器数据负责采集各传感器数据并进行实时性智能算法处理，微水通信管理单元负责数个或上百个监测器与服务器的通信管理，软件服务器后台对来自监测器的数据做进一步处理、存储，显示实时数据列表和变化趋势曲线，并可进一步通过 IEC 61850 单元或 RS 485 总线将监测数据信号量及报警信号状态量实时上传至上级监控中心。

当电气设备出现故障时，例如 SF_6 电气设备中的气体密度达到报警或闭锁值，或 SF_6 气体水分超标时，该设备处的 SF_6 密度微水在线监测系统会及时发出报警信号并记录事故状态，同时可将报警状态及时上传至上级监控中心，以便及时维护处理。SF_6 气体密度微水在线监测系统通过网络接入到用户专用网络，用户在客户端能够实现远程在线监测电气设备各间隔的 SF_6 气体密度及微量水分状态，了解趋势和故障情况，从而实现对 SF_6 电气设备密度在线检测、监控，满足电力配网自动化和设备状态检修的需要，对提高系统的安全运行和运行管理水平、开展预期诊断和趋势分析、减少无计划停电检修具有现实意义。

（2）局部放电监测技术。GIS 在线监测装置主要包括特高频智能传感单元、GIS 监测单元和监测后台。传感器完成对监测设备的测量，将信息量送到监测单元进行集中分析、显示以及告警，并将数据上传到监测后台进行全面的监视和分析。这种结构不仅使整套系统非常清晰和简洁，也使得各子系统功能完整独立，任何一个监测单元出现异常不会影响其他设备正常工作。GIS 局部放电监测系统能够长期运行，实时监测 GIS 在运行过程中的局部放电情况，可以及时对 GIS 绝缘异常状态和放电性突发故障做出预警，实时掌握局部放电的发展趋势，为 GIS 正常运行提供必要的指导依据，提高 GIS 运行的可靠性、安全性和有效性。

3. 避雷器在线监测

避雷器的泄漏全电流、阻性电流、阻容比、累积落雷次数、最近落雷时间、母线电压、系统频率、(3、5、7、9 次) 谐波电压的监测功能，能够在本地通过避雷器在线监测装置数码管显示避雷器泄漏全电流和累积落雷次数，并且装置能将泄漏全电流、阻性电流、阻容比、累积落雷次数、最近落雷时间、母线电压、系统频率、谐波电压通过通信远传至综合监测单元 (IED)。

4. 开关柜在线监测

开关柜在线监测由 TEV 传感器、超声波传感器、监测终端和现场数据采集服务器组成，对局部放电的监测更加全面。传感单元直接用磁铁吸附在开关柜表面，无源设计采用电池供电，支持开关柜不掉电安装。TEV 传感器用于接收局部放电在开关柜柜壁产生的暂态对地电压信号；超声波传感器用于接收局部放电在空间产生的超声波信号；监测终端用于两路传感器信号的连续实时采集、数字化处理、现场报警等，并与现场数据采集服务器通信，完成数据上传；现场数据采集服务器用于连续采集、存储监测终端所上传的数据，将数据打包、加密，并与位于监管中心的数据库服务器通信，完成数据上传。

5. 断路器在线监测

断路器在线监测系统采用了当今先进的边缘计算技术、人工智能深度学习技术、无线通信技术、微处理器、传感器、数据库管理等技术对运行中的高压断路器进行实时在线监测。其监测的主要内容包括分闸电流、分闸位置状态、合闸电流、合闸位置状态、储能电流、主回路电流等断路器的基本特征量，通过对这些数据的分析可以计算出分闸时间、分闸平均速度、分闸同期性、合闸时间、合闸平均速度、合闸同期性、弹跳时间、储能时间、燃弧时间等。通过自动分析采集到的数据以及历史和出厂数据的智能比对，对高压断路器运行的状态进行了实时的监测和评估，可提供动作参数的准确报告、触头磨损状况的准确判断、储能弹簧的寿命的监测，实现了机械特性的强大分析能力，同时本系统通信完全符合 IEC 61850 标准并能集成边缘计算终端功能，简化了基于间隔的集成。

6. 蓄电池在线监测

变电站直流电源系统作为变电站控制和保护系统的工作电源，是变电站安全运行的重要组成部分，其可靠性关系到整个电网系统的供电安全和稳定。蓄电池作为直流电源系统的核心设备，相当于直流电源系统的"心脏"，是确保电力设备正常运行的最后一道防线。近年来因直流电源系统出现问题导致电力系统重大事故的案例时有发生，其中多起事故是因蓄电池原因导致的直流失压和事故扩大，造成重大的经济损失和不良的社会影响。目前面临的问题有两点，第一，站多人少，人员越来越难以满足必须人到现场的操作要求；第二，事故跳闸能力无法检验。无法在检验蓄电池具有承担常规负荷能力的同时，是否仍能满足跳闸等冲击性负荷需求的能力；也无法及时发现蓄电池内阻增大、容量降低、检验内伤、虚接等隐患。因此，对直流电源的在线监控也是重中之重。

对蓄电池的管理与监测主要是实时监测蓄电池的电量是否符合要求，入电量不够，则需要及时充电，以确保蓄电池能正常工作，而蓄电池的电量状态主要由其内阻决定。内阻增长说明电池电量减少，反之，则说明电池电量增加。

7. 高压容性设备绝缘在线监测

高压容性设备（电力电容器）用来补偿电力系统中的感性无功、提高电网功率因数、改善电压质量、降低线路损耗等，主要包括保护单元、温度监测、压力监测、油气监测 IED。这些监控模块适用于（油浸）集合式电容器，保护单元模块和温度监测模块中的设备温升适用于框架式电容器。

8. 红外热成像在线监测

红外成像技术作为非接触式测温技术，在电力设备运行状态检测中有着无比的优越性。红外成像是以设备的热状态分布为依据对设备运行状态良好与否进行诊断，它具有不停运、不接触、远距离、快速、直观地对设备的热状态进行成像的优点。由于设备的热像图是设备运行状态下热状态及其温度分布的真实描写，而电力设备在运行状态下的热分布正常与否是判断设备状态良好与否的一个重要特征，因此采用红外成像技术可以通过对设备热像图的分析来诊断设备的状态及其隐患缺陷。

9. 紫外成像在线监测

紫外成像仪的功能在于可以检测可见光范围外人眼不可见的电晕放电和表面局部放电。局部放电（电晕放电）的空间分布及发光强度反映了带电设备的电场分布，其作用与红外热成像是互补的，红外热成像反映的是温度场的分布，能发现与过热相关的设备缺陷；而紫外图像直接反映出空间电场的分布，能发现引起电场异常的设备缺陷。

7.2　主要原理与功能

本小节对几种典型的监测系统展开介绍，主要介绍变压器综合在线监测、GIS 在线监测、避雷器在线监测、开关柜在线监测、断路器在线监测、蓄电池在线监测、高压容性设备绝缘在线监测、红外热成像在线监测、紫外成像在线监测。

7.2.1　变压器综合在线监测

变压器综合在线监测主要有变压器油中气体在线监测、变压器铁芯接地在线监测、变压器局部放电监测、变压器振动监测、变压器声音监测等。变压器综合监测通过实时获取变压器运行状态下的几种关键参量，包括局部放电、油中溶解气体、铁芯接地电流、振动、声音及红外测温，兼顾对变压器内部瞬变的突发性故障和缓慢发展的潜伏性故障的综合监测，同时从电、热、力不同角度实现对变压器的全方位监测，系统采用小型化、模块化结构设计，传感器采用磁吸附或开口方式，具备快速拆装、带电安装、方便运输等诸多优势。

系统由感知层、数据汇聚层、平台层三部分组成，如图 7-2 所示。感知层主要负责各类物理信号的采集；数据汇聚层主要通过有线或无线通信方式收集传感设备采集到的各类数据进行边缘计算、图谱显示、实时告警等功能，同时将监测状态信息及数据通过 4G/5G 无线专网上传至云平台；平台层主要负责完成基于大数据的智能分析、存储、远程设备状态监测及预警等功能，客户可通过 Web 网页或手机端进行随时随地访问。

1. 变压器油中气体在线监测

变压器油中气体在线监测采用两条不锈钢管道与变压器的预留监测接口边相连，其中所有接口均采用卡套连接，保证接口密封。通过油循环取样后进入油气分离装置，油气分离装置将分离出的气体导入气体检测单元进行检测，并通过数据采集单元完成待检气体数字信号的采集，而数据处理单元完成数据的分析处理并进行综合分析诊断,实现变压器故障的在线监测,如图 7-3 所示。

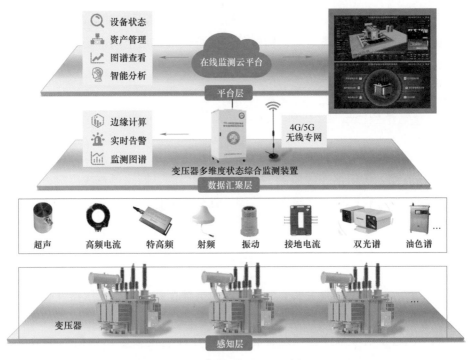

图 7-2　变压器综合监测系统架构图

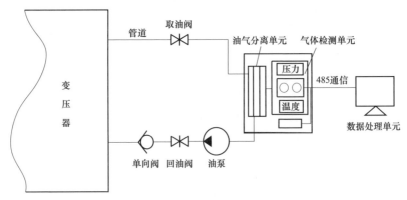

图 7-3　油中气体监测原理图

从检测机理上讲，现有油中气体检测产品大都采用以下四种方法：

（1）气相色谱法。色谱气体检测原理是通过色谱柱中的固定相对不同气体组分的亲和力不同，在载气推动下，经过充分的交换，分享不同组分，经分离后的气体通过检测转换成电信号，经采集后获得气体组分的色谱出峰图，根据组分峰高或面积进行浓度定量分析，如图 7-4 所示。大部分变压器产品的在线监测都利用变压器油色谱分析仪采用气相色谱法，但这种方法具有需要消耗载气、对环境温度很敏感以及色谱柱进样周期较长的缺点。

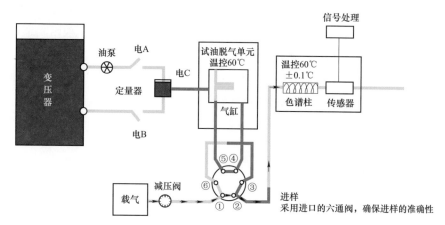

图 7-4　油中气体传感检测单元图

（2）阵列式气敏传感器法。采用由多个气敏传感器组成的阵列，由于不同传感器对不同气体的敏感度不同，而气体传感器的交叉敏感是极其复杂的非线性关系，采用神经网络结构进行反复的离线训练，可以建立各气体组分浓度与传感器阵列响应的对应关系，消除交叉敏感的影响，从而不需要对混合气体进行分离，就能实现对各种气体浓度的在线监测。其主要缺点是传感器漂移的累积误差对测量结果有很大的影响，训练过程（即标定过程）复杂，一般需要几十到一百多个样本。

（3）红外光谱法。红外光谱气体检测原理是基于气体分子吸收红外光的吸光度定律（比耳定律，Beer's Law），吸光度与气体浓度以及光程具有线性关系。由光谱扫描获得吸光度并通过吸光度定律计算可得到气体的浓度。这种方法具有扫描速度快、测量精度高的特点，但价格昂贵。精密光学器件维护量大、检测所需气样较多（至少要 100mL）以及对油蒸气和湿度敏感等缺点。

（4）光声光谱法。光声光谱检测技术是基于光声效应，而光声效应是由于气体分子吸收电磁辐射（如红外线）而造成。气体吸收特定波长的红外线后温度升高，但随即以释放热能的方式退激，释放出的热能使气体产生成比例的压力波。压力波的频率与光源的截波频率一致，并可通过高灵敏微音器检测其强度，压力波的强度与气体的浓度成比例关系。由敏感元件（微音器或压电元件）检测，配合锁相放大等技术，就得到反映物质内部结构及成分含量的光声光谱。

光声光谱方法的检测精度主要取决于气体分子特征吸收光谱的选择、窄带滤光片的性能和电容型驻极微音器的灵敏度；分析所需样品量小（仅需 2～3mL），不需载气。其主要缺点是检测精度不够高、高透过率的滤光片难以制造以及对油蒸气污染敏感，环境适应能力较差。

不同原理的在线监测系统各有特色，有的系统仅仅处在试用阶段，难以大面积推广。近年来，应用较成熟的在线监测系统仍是基于气相色谱原理的系统。而随着基于光声光谱原理的在线监测系统逐渐成熟，成本不断下降，目前已在部分地区大面积使用。

2. 变压器铁芯接地在线监测

变压器绕组、铁芯作为电力变压器的核心构件，是保证绕组磁路畅通、能量转化的基础，而铁芯接地故障在变压器总故障中占主要地位，因此研究铁芯接地故障对于保证电力系统稳定运行具有非常重要的意义。

变压器正常运行时，为防止铁芯对地产生悬浮电压而引起发热故障，铁芯必须有一点可靠接地。此时流过铁芯的为变压器泄漏电流，数值一般较小，范围在 0～100mA。但当铁芯出现两点及以上接地时，铁芯间的不均匀电位就会在接地点之间形成环流，此时流过铁芯的电流就较大，因此可以通过测量铁芯电流来判断铁芯是否出现两点及以上接地。基于变压器铁芯的特殊情况，铁芯内部的电流信号采样不允许采用万能表等直接接线以及测量的方法，只能通过电流互感器等间接进行测量采样。变压器铁芯接地电流监测装置的工作原理是装置通过传感器获取一次铁芯接地电流信号，测量电路将信号放大及调制后传送到控制器，完成电流信号的分析与处理。

变压器铁芯接地在线监测的关键技术是准确测量和监测接地电流的大小，这就要求有准确可靠的电流传感器。电流传感器主要采用电磁式和基于霍尔效应式。电磁式传感器利用高精度穿心式电流互感器的电磁感应原理制成。穿心式电流互感器一般不设一次绕组，载流导线（即铁芯接地电流线）穿过由硅钢片卷制而成的圆形铁芯起一次绕组作用，二次绕组直接均匀地缠绕在圆形铁芯上，与负荷（即继电器、仪表）相连。

3. 变压器局部放电在线监测

变压器局部放电在线监测包括超声局部放电监测、高频局部放电监测、特高频局部放电监测、射频局部放电监测。

（1）超声局部放电监测。超声局部放电监测是在变压器箱壁上布置相应的接触式超声传感器，对变压器局部放电所产生的超声波信号进行采集和分析的方法。当变压器绝缘结构内部发生局部放电时，必然伴随超声波信号发射，即所谓超声发射。大型变压器局部放电时发射的超声波信号的频谱分布为 60～300kHz，其中心频率约为 90kHz。通过监测此超声波信号可实现局部放电量的测量及定位。

将超声传感器分别安装在变压器油箱外壳的不同位置上，当变压器内部发生局部放电时，安装在变压器油箱外壳上的超声传感器接收到局部放电点发射的超声波信号并将其转换为电信号。经运算处理后与设定值比较，即可判定变压器的运行状态。通过多个超声传感器测得的局部放电的超声波信号，由计算机对所采集的数据进行处理和分析，根据球面定位法、双曲面定位法以及多点放电定位法可以计算出放电点位。由于用于变压器局部放电超声定位系统的超声传感器的性能指标直接影响定位的结果，因此，必须严格选择超声传感器的频带宽度、灵敏度、增益以及信噪比等特性。

（2）高频局部放电监测。高频局部放电监测主要通过高频电流传感器监测变压器铁芯、夹件及中性点直接接地位置的高频电流信号，来反映变压器内部的局部放电情况。该方法通过高频 TA 耦合测点处的高频电流信号来采集局部放电信号，通过后台系统对拾取到的信号进行分析处理，从而判断放电信号的类型并评估其严重程度。同时实现 24 小时实时的监测，可以密切关注信号的消长趋势，通过网络实现远程监控、突发情况报警等功能，节省了人力物力。

（3）特高频局部放电监测。特高频法具有抗干扰能力强、灵敏度高及测量范围广等优点，可以对局部放电源进行空间定位，可以识别不同类型的局部放电缺陷，适于对变压器局部放电进行长期的在线监测。特高频法使用的特高频传感器包括内置式和外置式，安装内置式传感器时须进入变压器内部，对传感器安全性要求很高，但优点是安装完成后其基本不受外界信号干扰，检测效果较好。外置式传感器优点是安装便捷但是使用受现场环境制约，只能在铁芯夹件引出套管等电磁波可穿透部位进行在线监测。

（4）射频局部放电监测。射频信号监测法基于无接触式射频检测技术，与变压器及套管带电设备没有任何物理接触，安装方便，安全可靠。变压器或套管绝缘劣化产生局部放电信号，从高压套管辐射出电磁波信号，所以要在变压器的防火墙面与套管等高的位置安装射频信号接收天线。射频信号可与特高频共用通道。射频法受外部电晕影响较大，但可作为局部放电检测的辅助手段，也可作为高频局部放电检测时排除干扰的手段。

4. 变压器振动在线监测

变压器振动在线监测的振动信号分析可发现变压器器身松动、绕组变形等缺陷。当前大多数电力变压器均采用油浸式变压器，变压器内部的铁芯和绕组均浸在绝缘油中，因此铁芯和绕组的振动均可通过绝缘油传至油箱表面；此外铁芯的振动还可通过固体传播至油箱表面；由于风扇、油箱等冷却装置通过板架结构外壳与电力变压器外体相连，因此冷却装置的振动通过固体传播途径也会传递至变压器油箱。可见，变压器铁芯、绕组以及冷却装置的振动通过各种途径传递到变压器油箱，引起了变压器油箱表面的振动。其中冷却装置引起的振动主要集中在100Hz以下，而本体的振动是以100Hz为基频，并伴有其他高次谐波成分，可以比较容易地将冷却装置的振动从变压器振动信号中分离出来，因此通过在变压器箱壁上布置相应的加速度传感器来监测变压器油箱表面的振动信号，能很好反映出变压器铁芯及绕组的状况。

5. 变压器声音在线监测

变压器声音在线监测系统是使用全指向的可听声传感器（频率范围为20Hz～20kHz）和超声传感器（频率范围为20～400kHz）对变压器实行全方位监测。考虑到可听声传感器和超声传感器均有一定的空间感知范围，声音监测单元结合声波有限元仿真与群智能优化算法以及变压器的结构尺寸、声束衰减模型、变压器声振传播模型等，优化传感器的安装位置，既能保障设备信号有最好的信噪比，又能最大限度地降低传感器的使用数量。两级声阵传感器既可以独立工作，又可以相互协作。如变压器外绝缘发生放电，两类传感器都能监测到声信号，但由于传播声程不同，设备周围的声麦克风传感器先收到信号，设备本体上的超声传感器后收到信号，即可表征信号来自变压器外绝缘。因此，通过部署可听声阵列和超声阵列两级传感器，可实现变压器声音信号的全覆盖。

6. 变压器温度在线监测

变压器温度在线监测采用可见光/红外双光谱云台摄像头，通过以太网供电和通信，利用电控数字化云台选择合适的监测位置和监测点数量，对变压器异常高温点进行监控。

7. 主机边缘计算

为方便系统调试，同时满足用户就地查看数据的需要，在综合监测主机端提供边缘端分析软件，可以自动、连续或周期性采集设备油中溶解气体、铁芯和夹件接地电流、超声波局部放电、高频局部放电、振动、声音、温度等状态量的监测信息，并向综合监测后台传送标准化数据分析结果和预警信息。

主机边缘分析软件支持特征参量实时显示功能，支持单一参量趋势分析、阈值及趋势报警、历史数据查询、报表生成等功能，支持可组态、多参量同步实时显示功能，支持多参量趋势分析、评估诊断等。主机边缘端分析软件如图 7-5 所示。

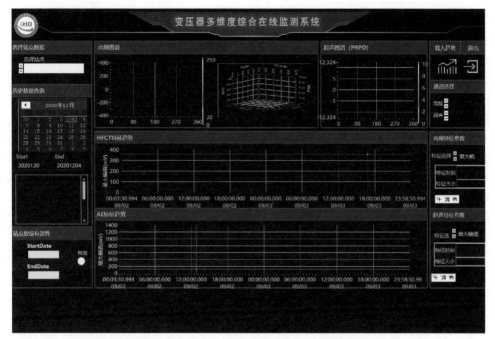

图 7-5　主机边缘端分析软件

7.2.2　GIS在线监测

对 GIS 设备的在线监测主要由密度微水在线监测和局部放电在线监测完成。

1. 密度微水在线监测技术

微水在线监测装置的传感器主要由三部分组成：湿度传感器、温度传感器和压力传感器。监测装置安装在 GIS 设备的取气口，通过取气口使传感器与被测气体连通。这样，当 GIS 中的微水含量变化时，由于自然扩散的作用，安装于设备取气口外部的湿度探头也可以在较短时间内检测到 GIS 中微水的变化。

压力传感器选用的是压阻应变式压力传感器。湿度传感器采用聚合物薄膜原理的传感器，该原理传感器在测量低露点时不受凝结水和大多数化学物质的影响。SF_6 气体中微水含量的检测属于低湿度测量的范畴，因此该系统选用的是适于低湿环境测量的薄膜电容型湿度传感器，在电路设计中又采用零点自动校准技术，具有长期稳定性好、灵敏度高、响应快、测量范围宽等优点。温度传感器采用电阻型测温传感器，与湿度传感器紧密靠近，可以测出湿度传感器表面的温度。湿度传感器测出气体中的水分子，得出相对湿度值，主控电路根据相对湿度值和温度值计算出露点。

系统功能：

（1）实现被检测气室的 SF_6 气体微水、密度在线监测功能，并在服务器上集中显示各监测单元编号、标准压力（@20℃）、微水值（ppm）、当前压力、当前温度、露点值以及密度报警值、密度闭锁值等参数。

（2）监测量超限告警功能。

（3）监测数据存储功能。

（4）自动绘制状态变化趋势图。

（5）支持数据远传功能。

（6）用户权限管理功能。

（7）数据传输加密功能。

（8）系统遵循 IEC 61850 通信规约，可实现与其他设备对接，满足电力系统智能数字化变电站通信要求。

2. 局部放电在线监测技术

GIS 局部放电在线监测可以通过超声波和特高频两种原理来检测，根据实际情况选择不同的检测原理。

（1）超声波原理：GIS 放电时，放电所产生的超声波信号可以通过空气传递到金属罐体，使用超声波原理测量 GIS 局部放电信号时，需将多个防水型接触式超声波传感器固定于 GIS 罐体，即可实现 GIS 的局部放电检测。

基于超声波原理的变压器局部放电检测容易受到外界干扰影响，比如机械振动等，因此，对传感器的降噪及数字滤波技术有比较高的要求。

（2）特高频原理：由于变压器箱体为金属材质，内部的局部放电信号无法传递至箱体外部，所以使用特高频原理检测局部放电信号时，需要预埋特高频传感器，一般放置在变压器放油阀部位，除此之外还可以采用入孔式特高频传感器，特高频传感器检测频率为 300～2000MHz，可以有效避开低频、电晕等干扰。

7.2.3 避雷器在线监测

避雷器在线监测是保护电力系统免受雷击灾害的一种电力安全设备，其性能优劣对电力设备安全运行具有重要影响。避雷器发展历程主要分为管式避雷器、碳化硅避雷器和氧化锌避雷器三个阶段。在各种避雷器中，氧化锌避雷器是目前国内外运行状况最安全、应用范围最广的避雷器。为了及时掌握避雷器的运行状况，需要对避雷器进行实时、智能化的在线监测。

避雷器在线监测装置的工作原理是：通过高精度传感器监测设备的电压和电流信号，采用优化的傅里叶分析法，通过计算获取母线 TV 电压、避雷器末屏泄漏电流幅度和相位以及相位差，通过这两个信号的幅度和相位差计算出避雷器所需的泄漏全电流、阻性电流及阻容比等电气参数。其中避雷器在线监测装置和系统电压监测装置均在被监测设备本地安装，与综合监测单元通过 RS 485 总线进行通信，综合监测单元通常安装在被监测设备附近的智能监测柜或汇控柜（简称智能柜）内，与监测后台之间的通信符合 IEC 61850 通信规约，如图 7−6 所示。

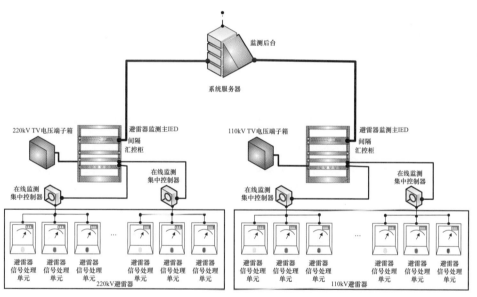

图 7−6　避雷器工作原理图

7.2.4　开关柜在线监测

开关柜在线监测系统用于检测开关柜内部的局部放电情况，检测原理有超声波、地电波和特高频三种，可根据实际情况选择不同的检测原理。

开关柜内部放电时产生的超声波信号通过空气传播，而地电波信号则通过空间电容效应在金属柜体上产生暂态低电压，高频放电信号则直接辐射到整个空间，使用特定的传感器可以实现以上各频段信号的检测。

开关柜在线监测系统根据安装固定方式的不同可分为内置式和表贴式：

（1）内置式。内置式是指将局部放电传感器放置在开关柜内部，传感器电源从柜体内部取电，采集到的数据通过有线或无线发送至数据采集器，通常一个配电房配置5～10个数据采集器，用于收集每个柜子的检测数据，然后将各采集器的数据通过无线或有线的方式打包至主机，内置式局部放电在线监测系统可通过超声波、地电波或特高频等原理实现局部放电的在线测量。

（2）表贴式。表贴式是指将局部放电传感器吸附在开关柜表面来实现局部放电的测量，整体架构与内置式一致，也可选择超声波、地电波或特高频等原理来实现局部放电的测量。传感器电源采用外接式或锂电式供电，锂电式需要定期充电。

7.2.5 断路器在线监测

断路器状态监测系统主要由边缘计算终端、智能通信终端、智能电流传感器、光栅传感器等组成。

装置采用对信号反应非常迅速的霍尔电流采集断路器分、合闸线圈电流，霍尔传感器体积小、电气性能好，不会对真空断路器主系统的正常运行造成影响。此外，系统还具有采集精度高、线性度动态特性好等优点，这对于保证整个装置的测量稳定性及测量精度都十分有利。通过监测储能电机工作电流和每次储能时间的记录，可以反映弹簧储能不到位等来预测储能系统弹簧机构状态异常等故障。

断路器动触头的行程——时间特性——是表征断路器机械特性的重要参数，据此可计算以下参数：动触头行程、超行程、刚分后及刚分前10ms内平均速度、最大速度等，还可以提取动触头运动过程中各个事件发生的时刻，根据事件时间来诊断故障。这种方法可以诊断断路器机械部分磨损、疲劳老化、变形、生锈等故障。

7.2.6 蓄电池在线监测

蓄电池在线监测采用浏览器/服务器（B/S）模式，将各种不同功能子系统融合到一个统一的监控平台下，由主站系统、通信网络和终端设备三部分组成。本系统主站服务器可架设在用户通信机房，也可架设在服务器机房。站端蓄电池监测设备配合无线传输模块将数据传输至4G网络，主站服务器通过固定IP接入4G网络与站端设备实现数据交互。最终由主站服务器汇总处理站端蓄电池数据，传输至用户微信端供实时查看。

蓄电池在线监测单元主要有嵌入式管理终端、电压采集单元、内阻测试单元以及无线传输模块组成。

1. 嵌入式管理终端

嵌入式监控管理终端为直流系统蓄电池组的总监控单元，采用嵌入式 Linux 操作系统作为程序模块的运行平台，配以触摸屏式人机交互界面，具有 2 个 RJ 45 接口和 5 个 RS 485 接口。主要功能包括蓄电池数据分析和展示、蓄电池组内阻数据进行手动和自动的内阻测试及内阻数据分析，如图 7－7 所示。

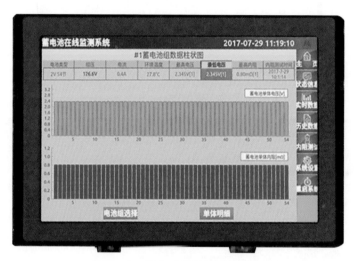

图 7－7　嵌入式监控管理终端图

2. 电压采集单元、内阻测试单元

电压采集单元、内阻测试单元采用模块式结构，下放式安装方式，安装在蓄电池屏或蓄电池架上，电压采集单元实时采集蓄电池单体电压、单体温度（可选）、环境温度值，并将采集到的数据实时上传至嵌入式监控管理终端。内阻采集单元根据嵌入式监控管理终端的内阻测试策略，在指定的时刻启动内阻测试功能，完成内阻的测试功能，嵌入式监控管理终端将依据本次测试过程中采集到的单体电压和电流值计算出蓄电池内阻值，如图 7－8 所示。

3. 蓄电池监测系统界面

蓄电池监测系统主界面功能区介绍：界面分为系统标题栏、主要数据显示区、按钮功能区三部分，如图 7－9 所示。

图 7-8　电压内阻采集单元图

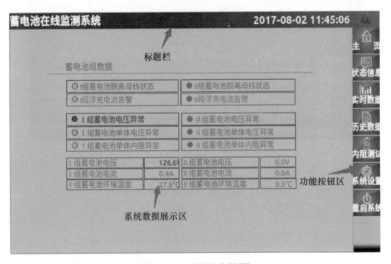

图 7-9　界面功能图

7.2.7　高压容性设备绝缘在线监测

压容性设备（电力电容器）用于电力系统的无功补偿，用来补偿电力系统中的感性无功、提高电网功率因数、改善电压质量、降低线路损耗等。

高压容性设备绝缘在线监测主要包括保护单元、温度监测、压力监测、油气监测 IED，这些监控模块适用于（油浸）集合式电容器，保护单元模块和温度监测模块中的设备温升适用于框架式电容器。

1. 保护单元

当电力电容器在内部出现元件击穿时，该台电容器的容抗将发生改变，其运行电压和电流将随之发生变化，通过监测电容器的电压和电流可以计算出电容器的电容，并和周边的电容器进行对比确定产品内部是否出现故障，以及出现故障时确定故障电容器所在位置，并将信息反馈给后台保护，及时发出信号，并对电容器进行检修，更换故障电容器。

电容器装置一般采用开口三角电压保护、中性点不平衡电流保护、相电压差动保护、H 型（单、双）桥式差电流保护中的一种，当电容器内部发生元件击穿时，将引起容抗的变化，通过监测不平衡电压或不平衡电流值，可以确定产品内部是否出现故障，并将不平衡型号反馈给后台保护，对电容器运行状态进行监控，并适时做出保护。

2. 温度监测

电容器在运行时，若内部出现焊接不牢靠、外部接线端子连接不可靠，将引起电容器表面或接线端子处的温升偏高，通过红外测温或热敏电阻进行测温，对比周边电容器的温升，并排除太阳日照、周边设备的热辐射后，可以判定电容器是否出现缺陷，并及时将信号反馈给后台进行监控。

3. 压力监测

电容器内部出现击穿或局部放电，将使电容器内部产生气体，将增大电容器内部压力，通过压力释放阀可以监控电容器内部压力，并根据压力释放阀的动作阈值对电容器进行保护。

4. 油气监测 IED

电容器内部出现局部放电、局部过热、过电压等工况时，将产生一定的气体，如 H_2、CH_4、C_2H_4、C_2H_6 等气体，通过在线油色谱监测，根据内部绝缘油气体组分和含量判断内部绝缘情况，并将测试数据实时上传后台进行保护。

7.2.8　红外热成像在线监测

红外热成像在线监测系统是集可见光、红外热成像和嵌入式技术于一体的实时监测、监控系统，系统可对运行中的变电站设备自动巡检，实时监测、自动预警、实时获取设备故障状态的热信息，并自动生成相应的温度变化报表，具有不停电、远距离、安全可靠、检测精度高等特点，是实现在线监测和设备状态检修的非常有效的手段之一。

红外热成像在线监测系统，是以一定数量的可相对独立工作的网络红外热像仪监控系统为基础，采用星形拓扑方式连接的监控系统，适合于各级别变电站设备运行、维护和管理的要求。

监控中心的功能概念包括区域监控中心和主控中心。主控中心以权限管理的方式管理监控各区域监控中心，主控中心的功能和区域监控中心的功能要求基本相同。

7.2.9　紫外成像在线监测

紫外电晕放电监测系统采用紫外成像硬件设备、智能控制及分析软件组成。主要原理与功能：紫外＋可见光的融合成像装置、云台、集成的防护外壳，系统通过紫外成像装置采集设备的放电情况，结合高精度云台的预置位设定巡检，实时将测试画面传输到后端电脑分析软件，设置相应的报警及设备放电趋势化分析，智能评估带电设备的运行情况。

紫外成像仪可检测电力系统输变电设备的绝大部分外绝缘及相关缺陷，且大部分检测项目是目前突出的技术手段，通过紫外成像可以发现并消除很多目前现有常规仪器无法检测到的运行设备缺陷。该系统的应用将极大提高电力系统的安全性和经济性，必将为电力系统带来巨大的直接和间接效益。

7.3　主要性能指标

本小节对在线监测子系统的各子系统模块性能指标展开介绍。

7.3.1　变压器综合监测性能指标

1. 变压器油中气体在线监测

（1）性能要求。

1）环境温度：$-40\sim+55℃$（$-10\sim+55℃$启动时）。

2）仪器进样处油温：$-10\sim+110℃$。

3）湿度：$10\%\sim100\%RH$。

4）防护等级：IP56。

5）油压：① 油样进样处运行时：$0\sim0.3MPa$（$0\sim45psi$）；② 非运行时：$-0.1\sim0.6MPa$（$-15\sim87psi$）。

（2）测量范围。

1）氢气（H_2）：$6\sim5000ppm$。

2）二氧化碳（CO_2）：$2\sim50\,000ppm$。

3）一氧化碳（CO）：1～50 000ppm。

4）甲烷（CH_4）：1～50 000ppm。

5）乙烷（C_2H_6）：1～50 000ppm。

6）乙烯（C_2H_4）：1～50 000ppm。

7）乙炔（C_2H_2）：1～50 000ppm。

8）氧气（O_2）：10～50 000ppm。

9）微水（H_2O）：0～100%（RS）。

2. 变压器铁芯接地在线监测

变压器铁芯接地在线监测模块按照 Q/GDW 1894《变压器铁心接地电流在线监测装置技术规范》要求执行，电流互感器应满足不停电更换要求，优先选用钳式结构传感器。

测量范围：5mA～10A；测量误差：±3%或±1A。

3. 变压器局部放电在线监测

（1）超声波局部放电在线监测性能要求。

1）传感器峰值灵敏度：≥60dB［V/（m/s）］；均值灵敏度：≥40dB［V/（m/s）］。

2）检测灵敏度：≤40dB。

3）传感器检测频带范围：80～200kHz。

4）动态范围：≥40dB。

5）线性误差度：≤±20%。

6）不同检测通道的幅值偏差：≤10%；时间偏差：≤5μs。

7）传感单元连续工作 1h 后，6 次测量结果的相对标准偏差值应≤±5%。

（2）高频局部放电监测性能要求。

1）3～30MHz 平均传输阻抗：≥10mV/mA。

2）3～30MHz 频段范围传感器带宽：≥10MHz。

3）最小可测局部放电量：≤50pC。

4）局部放电信号的动态范围为 40dB 时，检测线性度误差≤15%。

5）可在 3～30MHz 频段范围内调整检测频率，对窄带干扰信号的抑制能力，不低于 20dB。

6）采样率：不低于 100MS/s。

7）不同检测通道的时间偏差：≤2μs。

（3）特高频局部放电监测性能要求。

1）幅频特性：带宽至少覆盖 300～1500MHz 且在该频带内平均有效高度应不小于 8mm，最小有效高度不小于 3mm。

2）检测灵敏度：≤7V/m（17dBV/m）。

3）动态范围：≥40dB。

4）不同检测通道的时间偏差：≤2μs。

（4）射频局部放电监测性能要求。

1）检测频带范围：100～1000MHz。

2）平均有效高度：≥10mm。

3）采样率：不低于100MS/s。

4. 变压器振动在线监测

振动在线监测性能指标：

1）测量范围（峰－峰值）：0.1～400μm，误差≤10%。

2）振动加速度测量范围：－10～＋10g，误差≤10%。

3）频率响应：5～3000Hz，频率响应的相对误差应≤±5%。

4）传感器灵敏度：100～500mV/g。

5. 变压器声音在线监测

声音在线监测性能指标：

1）传感器频带范围：可听声为10Hz～20kHz，超声为20～400kHz。

2）传感器灵敏度：可听声为12.5mV/Pa，超声大于75dB。

3）采样频率：可听声为100kHz，超声信号为1MHz。

4）传感器连接方式：可听声传感器为非接触安装，超声传感器为接触式安装。

7.3.2　GIS在线监测系统性能指标

（1）密度微水在线监测技术。根据GIS室现场环境结合在线监测系统监测要求，提出密度微水在线监测技术性能指标，见表7-1。

表7-1　　　　　　　　密度微水在线监测技术性能指标

参数项目	参数指标
工作温度	－40～＋85℃
温度测量范围	－30～＋80℃
温度测量精度	≤±0.5℃
压力测量范围	≤1.0MPa
压力测量精度	≤±1%F.S.
密度测量范围	≤1.0MPa

续表

参数项目	参数指标
密度测量精度	≤±1%F.S.
微水测量范围	20～20 000ppm
微水测量精度	≤4%F.S.
露点测试范围	−55～+20℃
露点测试精度	≤±2℃

（2）局部放电监测技术。根据 GIS 室现场环境结合在线监测系统监测要求，提出传感器性能指标要求，见表 7−2。

表 7−2　　　　　　　　GIS 室监测传感器性能指标

AE 测量（接触式）		UHF 传感器	
测量范围	−6～70dBμV	检测频段	300～1500MHz
分辨率	1dB	测量范围	−60～0dBm
精度	±1dB	精度	<1dBm
传感器中心频率	50kHz	传感器频段	300～1500MHz

7.3.3　避雷器在线监测监测指标

根据避雷器现场环境结合避雷器在线监测系统监测要求，提出传感器监测指标要求，见表 7−3。

表 7−3　　　　　　　　避雷器传感器监测指标

监测参数	测量范围	测量误差
泄漏电流	100μA～700mA	±1%或±10μA
阻性电流	10μA～700mA	±1%或±10μA
落雷次数	0～999	0
阻容比	—	±2%
母线电压	—	±0.5%
系统频率	46～60Hz	±0.01Hz
谐波电压	3、5、7、9 次	±2%
最近落雷时间	yyyy-mm-dd hh：mm：ss	小于 1min

7.3.4 开关柜在线监测性能指标

根据开关柜现场环境结合开关柜在线监测系统监测要求，提出传感器性能指标要求，见表7-4。

表7-4　　　　　　　　　　开关柜监测传感器性能指标

TEV传感器		UHF传感器	
测量范围	0～60dBmV	检测频段	300～1500MHz
分辨率	1dB	测量范围	−60～0dBm
精度	±1dB	精度	<1dBm
每周期最大脉冲	1400	传感器频段	300～1500MHz
测量频带	3～100MHz		
AE测量（开放式）			
测量范围	−6～70dBμV		
分辨率	1dB		
精度	±1dB		
传感器中心频率	40kHz		

7.3.5 断路器在线监测监测指标

根据断路器现场环境结合断路器在线监测系统监测要求，提出传感器监测指标要求，见表7-5。

表7-5　　　　　　　　　　断路器传感器监测指标

监测参数	单位	监测类型	监测范围
储能电机动作时间	s	实时量/值	20ms～30s
触头相对磨损量	%	计算量/值	0～100%
一次电流波形	A	动作录波	0.1～30In
分/合闸线圈波形	A	动作录波	0～6
储能电机电流波形	A	动作录波	0～50
行程波形	mm	动作录波	0～1000
速度波形	m/s	动作录波	0～20
加速度波形	m/s^2	动作录波	0～100
平均分闸速度	m/s	计算量/值	0～15

续表

监测参数	单位	监测类型	监测范围
平均合闸速度	m/s	计算量/值	0～15
最大分闸速度	m/s	计算量/值	0～20
最大合闸速度	m/s	计算量/值	0～20
刚分速度	m/s	计算量/值	0～20
刚合速度	m/s	计算量/值	0～20
分闸时间	ms	计算量/值	0～120
合闸时间	ms	计算量/值	0～120
燃弧时间	ms	计算量/值	0～120

7.3.6 高压容性设备绝缘在线监测监测指标

根据高压容性设备现场环境结合高压容性设备在线监测系统监测要求，提出传感器监测指标要求，见表7-6。

表7-6 断路器传感器监测指标

名称	测量精度
电压测量	基准电压80%～120%范围内测量精度0.5%
电流测量	基准电流80%～120%范围内测量精度0.5%
温度测量	±1℃
压力监控	开启压力：（35±5）kPa

7.3.7 红外热成像在线监测性能指标

根据变电站现场环境结合运行设备在线监测系统监测要求，提出红外热像仪性能指标要求，见表7-7。

表7-7 红外热成像监测指标

名称	标准参数值
探测器类型	凝视焦平面列阵
探测器工作波段	范围包含7.5～14μm
探测器像素数	不低于640×480
探测器启动时间	<25s

续表

名称	标准参数值
探测器温度分辨率	<0.08℃（在 30℃时）
探测器帧频	大于等于 9 帧/s
镜头空间分辨率	高于 1.09mrad
镜头视频输出	BNC 视频接头，焊接式
测温范围	−20～+650℃
测温精度	+2℃或+2%℃
防护等级	IP54（标准）
抗震性	2.5g 以上
抗冲击能力	25g 以上
抗电磁干扰能力	IEC 60960：1991+A1：1992，A2：1993，A3：1995，A4：1996
低压电器安全	EN 55 022　EN 55 024

7.3.8　紫外成像在线监测性能指标

根据变电站现场环境结合运行设备在线监测系统监测要求，提出紫外成像性能指标要求，见表 7-8。

表 7-8　　　　　　　　　紫外成像在线监测性能指标

紫外设备紫外通道	波长范围	240～280nm
	中心波长	265nm
	辐射灵敏度	30mA/W @265nm
	分辨率	15lp/mm
	像面有效直径	18mm
	视场角	15°×11°
	焦距距离	0.5m 到无穷远
	增益控制	0～5V_{DC}
紫外设备可见光通道	视场角	65.1～2.34°（广角−望远）
	聚焦距离	4.5～135mm
	可见光像面	200 万像素 1/2.8″ CMOS
	分辨率	1920×1080
	紫外可见融合度	小于 1mrad

续表

其他	电源	12V
	功率	小于 5W
	重量	365g
	尺寸	152mm×75mm×44mm

7.4　系统对比分析

7.4.1　系统建设思路

　　智慧型在线监测系统依托于电力物联网技术背景下,结合边缘计算技术、人工智能深度学习技术、无线通信技术,在"云—边—端"体系架构下构建智慧型在线监测子系统。"端"主要负责采集设备的状态信息,利用多种智能传感器实现信息全面感知,使得变电设备的监测区域更全面、故障类型覆盖范围更广,状态感知量的最大化应用为后续的信号处理提供了极大的便利。"边"是整个系统的枢纽,主要负责各种感知信号的汇聚、边缘计算和数据自主可控上传,通过计算时频特征值,智能判断变电设备的服役状态是否正常,并依据判断结果控制数据的发送。"云"即电力物联网云,具备在线监测全业务数据共享能力,既能实现外部数据源与实时数据的智能协同,创新性提出利用粗糙集方法联合"声、电、热、力"开展故障诊断,又能结合历史检修、生产工况等信息,为运维检修人员及时处理设备故障提供辅助决策。

7.4.2　现有在线监测方案

　　目前变电站在线监测设备来自不同的厂家,各自都有一个监控平台,却没有一个统一信息的平台。设备与设备之间、变电站与变电站之间在线监测相互独立,形成信息分散、数据孤立的格局。在变电站主控室摆满了各种计算机和服务器用于监测:避雷器在线监测、SF_6 在线监测、高压结点测温监测、局部放电在线监测、油色谱在线监测、容性设备在线监测、开关柜在线监测、红外监测等,导致浪费空间资源及计算机资源,同时增加值班人员的工作量,监测数据没有一个统一的接口,无法提供给其他相关业务系统使用。

现有的在线监测设备监测信息和诊断分析方法还不够全面，现有的在线监测装置一般都是专项监测装置，只能对某一监测量进行单项监测。这种监测装置功能单一，偏重数据管理，数据挖掘功能不足，主要注重静态的评估诊断，实时性差，准确性低，不能实现多种状态参量融合的智能化综合监测，更难以对变电设备的运行状态做出准确的评估和诊断，因而不能及时发现变电设备潜伏性故障而造成大型设备损坏事故和影响电网安全可靠运行；同时，也不能有效避免失修和过度维修的传统弊病，造成人力、物力资源的浪费。

现有的在线监测系统的信息传输主要通过有线方式传输，现场安装复杂，存在布线困难、工作量大、时效性不足问题。

7.4.3 优势分析

在依托于电力物联网技术背景下，结合边缘计算技术、人工智能深度学习技术、无线通信技术，断路器机械特性在线监测系统进行了第二代智能化升级，适用于各厂矿、企业、发电厂、变电站中电压等级为 1100kV 及以下的断路器设备，主要对断路器的分合闸位置指示、分合闸线圈电流波形、储能电动机电流波形、分合闸时间速度行程、动作次数等进行实时监测和运算处理，综合分析断路器动触头电损耗、储能弹簧的寿命。在断路器运行异常时记录变化的参数量，从而为分析判断断路器的电气与机械特性是否正常，保证电力系统电网的安全运行，早期发现断路器的电气、机械、回路异常，提供了可靠的数据参考，进而提高了对断路器的运行管理水平。

差异性性能指标主要体现在以下几个方面：

（1）软硬件设计上充分考虑过程层相对恶劣的运行环境，采取独特的轻薄全封闭机箱、整体面板，强弱电严格分开，大大提高了装置的抗干扰能力、抗震动能力，对外的电磁辐射也满足相关标准，完全满足户外安装需要，宽温的工作最大范围能达到 $-40\sim+70℃$。

（2）提供强大的实时监测功能，具备在对断路器分合闸电流、电压及触头行程等参数进行监控的同时进行后台实时显示、参数异常报警等功能。

（3）系统采用标准化模块设计，部件互换性、独立性好；系统具备自诊断功能，方便用户使用，远程维护减少了用户对在线监测系统本身的维护工作量。

（4）装置适用于符合 IEC 61850 标准的全智能变电站，实现各配套厂家的无缝连接，真正实现间隔层和过程层智能设备间的数据共享。

（5）采用无线自组网传输方式，避免了出现布线困难等问题。

7.5　系统发展趋势

随着科学技术的快速发展，与人工智能、大数据分析、5G 通信、高能量密度电池、智能机库等软硬件技术相结合，实现高度智能化自主化检测，是未来变电站在线监测智能巡检的发展方向。

7.5.1　在线监测设备的智能化

智能传感器有自诊断和自校准功能，可随时诊断设备的运行状态，提高在线监测系统的可靠性；将传感测量、补偿计算、工程量处理与控制等功能一起实现，并且采用标准化总线接口进行通信，能与计算机网络直接进行信息交换，使传感器由孤立的元件向系统化、网络化发展。

7.5.2　在线监测系统数据传输网络的标准化

在线监测领域应尽早确定一个通用的现场总线标准，编制一个通用的在线监测数据通信规约，开发带通信接口的智能型在线监测装置；实现开放性的现场总线网络后，不同厂家的设备之间可进行互连并实现信息交换，可自由集成不同制造商的设备和应用系统，可方便地共享数据库资源，深化采集的数据应用性。

7.5.3　在线监测系统数据采集软件和应用系统的标准化

电力设备在线监测数据是电力企业信息系统中的一个组成部分，建立标准化的数据库标准，关系到数据能否方便地进行共享和对在线监测数据的利用；各种在线监测项目在统一平台、统一数据标准的基础上尽量发挥各专业厂商的技术优势，整合统一的技术平台。

7.5.4　基于在线监测系统数据建立统一故障诊断平台

在各省电力公司建成统一的电力设备故障诊断平台，通过网络统一汇总到省局中心诊断，形成统一诊断标准、汇聚采集数据，深度开发应用。

第**8**章

变电站巡检机器人

8.1 系统组成与架构

8.1.1 系统概述

1. 背景介绍

机器人技术已成为衡量国家科技创新和高端制造水平的重要指标。当前我国正大力实施创新驱动发展战略,《中国制造 2025》《"十三五"国家科技创新规划》《新一代人工智能发展规划》等规划政策相继出台,明确将工业机器人列入大力推动突破发展十大重点领域之一,促进机器人标准化、模块化发展,扩大市场应用,这将有力促进机器人新兴市场的成长。

近年来变电站逐渐推广应用室内轨道式和室内外轮式巡检机器人,替代传统人工巡检,逐步实现变电站无人值守,保障变电站生产环境的安全稳定。随着人工智能和传感器技术的发展,机器人通过搭载各类视觉摄像头、气体、音频传感器,结合大数据和图像识别算法,对数据进行深度挖掘,全方位覆盖变电站设备监测,实现人工巡检无法完成的功能,成为智慧变电不可分割的部分。随着"信息化、数字化、智能化、互动化"为特征的智能电网建设逐渐深入,变电站机器人巡检逐步进入全面推广应用阶段。

2. 应用情况

(1)统一技术条件,开展标准制修订工作。近年来出台了多项变电站巡检机器人领域的国家标准、行业标准、团体标准及企业标准的编制工作,统一了变电站巡检机器人的软硬件技术条件,并规范了变电站巡检机器人的技术、接口、验收、巡视、维护、检测等工作标准和要求。

(2)严格产品准入把关,提升试验检测能力。典型变电站巡检机器人试验场地，包括室外巡检试验场、室内巡检试验场和设备缺陷智能识别试验场，具备变电站巡检机器人基本性能、巡检能力和监控后台功能等方面的试验检测能力，如图 8-1 所示。

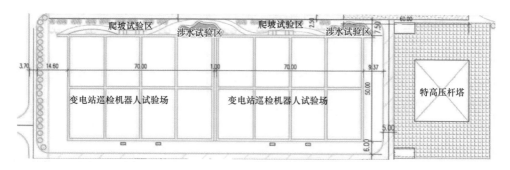

图 8-1　典型试验场地示意图

依托变电站巡检机器人试验场，制定变电站巡检机器人性能检测方案，不断滚动更新修订，优化检测项目和方法，对各厂家机器人质量进行入网检测，确保变电站巡检机器人的产品质量。

（3）开展变电站高清视频和机器人联合自动巡检工作。由于机器人存在巡视盲区和检测数据精确度低等问题，而高清视频机动灵活性不足，容易受外部环境影响导致巡检识别准确度下降。因此，联合机器人、高清视频和红外装置等多类型智能感知终端，基于图像识别、红外测温等技术手段，实现变电站缺陷智能识别诊断，提升变电站巡检作业质量成为变电站联合巡检的研究和发展方向，目前已形成变电站在线智能巡视系统。随着变电站联合巡检体系的建立，变电站远程无人自动化巡检将进一步推进。

变电站在线智能巡视系统部署在变电站站端，主要由巡视主机、机器人、摄像机等组成。巡视主机下发控制、巡视任务等指令，由机器人和摄像机开展室内外设备联合巡视作业，并将巡视数据、采集文件等上送到巡视主机；巡视主机对采集的数据进行智能分析，形成巡视结果和巡视报告。

2. 应用成效

（1）提高巡检质量。机器人巡检不受各类主观客观因素影响，数据记录可靠性高、存储安全可追溯。一个设备检测点从多角度多方位检测，检测数据更准确；相对于人工巡检，机器人巡检作业规范化，检测数据更客观。机器人可以针对同一设备，每次都可确保在位置、角度、配置参数方面的高度一致性，结果可对比性强，有利于及时发现设备缺陷或隐患。

（2）大幅减轻人员负担。例如夏季进行人工红外测温时，运维人员需长时间在高温环境下工作，整个测温过程非常烦琐，工作量大。通过现场察看开关刀闸状态、确认报警信息等工作，运维人员需在运维站与变电站间多次往返。采用机器人后可以减轻工作量，减少往返次数。

8.1.2 系统架构

变电站机器人巡检子系统由机器人本体、管理后台、网络通信系统组成。变电站机器人本体按照运动方式可分为轨道式巡检机器人、轮式巡检机器人和四足巡检机器人，按照巡检应用场景不同，可分为室内巡检机器人和室外巡检机器人。管理后台可分为轨道式巡检机器人后台系统、室外轮式巡检机器人后台系统和室内轮式巡检机器人后台系统。

变电站机器人本体与管理后台通过建立网络通信进行连接，管理后台通过电力专网与在线智能巡视系统实现信息交互，实现变电站机器人和高清视频相配合的联合巡检系统，如图 8-2 所示。

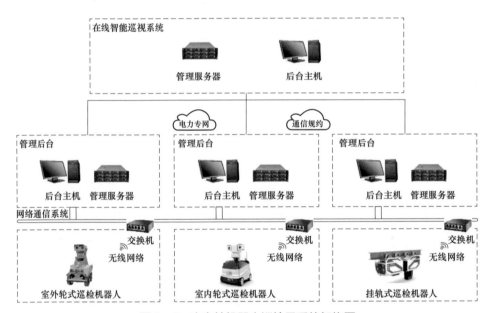

图 8-2 变电站机器人巡检子系统架构图

8.1.3 系统组成

1. 变电站机器人本体

变电站机器人本体一般由传感单元、供电单元、控制单元、运动单元和导航单元共同组成，可在变电站所需场景中携带所需传感设备灵活移动，具有对变电站设备进行红外测温、表计读数、设备状态识别、异常状态报警、声音采集等功能，实现对变电站巡检区域的设备、环境覆盖巡检监测。可通过全自主或遥控的方式，在无人值守或少人值守的变电站对机器人进行灵活操作，为快速推进变电站无人值守进程提供可靠的技术检测和安全保障。

2. 管理后台

一般采用 B/S 架构和移动客户端 App 结合的形式，具备实时视频监控、信号互转、信息显示、异常告警、数据存储和报表自动生成等功能，为运维人员提供及时、可靠的数据信息，及时发现设备缺陷或异常，从而实现智能化巡检管理，具有客观性强、标准化、智能化、效率高等特点；同时能远程管理多个后台系统，对多个变电站机器人进行控制及相关数据分析，对所辖电力线路进行更高层次的综合控制和管理。

3. 网络通信系统

变电站机器人通信系统采用无线数据网络传输技术，在区域内实现无线网络的无缝隙覆盖，采用 1.2G～2.4G 无线加密通信网络。变电站机器人上的工控机和视频装置通过以太网连接到无线集线器上，在沿途布置若干个无线 AP 组成无线局域网，监控后台也通过无线集线器连接到无线局域网中，整个移动监控系统内的设备可以实现互相访问，网络带宽可以有效实现负载平衡。

8.2　主要原理与功能

8.2.1　轨道式智能巡检机器人

1. 轨道式智能巡检机器人介绍

变电站属于电网中关键的组成部分，站内所有的设备都需要按规定进行检查，变电站的安全运行是电网安全运行的保证，而巡检技术是保证安全的重要方法。采用轨道式智能巡检机器人进行巡检，既具有人工巡检的灵活性、智能性，同时也克服和弥补了人工巡检存在的一些劳动强度大、效率低、检测质量难以保证等缺陷和不足，是智能和无人值守巡检技术的发展方向。

轨道式智能巡检机器人通过先进的信息技术、网络技术、传感器技术，通过安装在配电房内的轨道系统，利用升降云台实现在配电房多维度移动，通过滑触线实现低压供电与电力载波通信，携带气体传感器、拾音器、温湿度传感器等感知设备监测配电房环境和设备运行状态，分析相应的数据，为设备运行预警、维护检修、应急处理提供相应的决策依据，如图 8-3 和图 8-4 所示。

图 8-3　轨道式智能巡检机器人

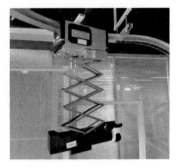

图 8-4　轨道式智能巡检
机器人升降云台

室内轨道智能巡检机器人典型应用场景为变电站开关室，主要巡检设备为变电站开关柜和各类电流表、电压表、功率因数表等，根据实际需要灵活配置巡检频次。

变电站轨道式智能巡检机器人巡检内容见表 8-1。

表 8-1　　　　　　　　变电站轨道式智能巡检机器人巡检内容

巡检对象	巡检内容
开关柜	指示灯、电子屏等状况正常，空气开关、隔离开关状态正常、压板状态、电流电压等表计读数、柜内局部放电、柜体温升、噪声等

2. 轨道式智能巡检机器人的主要原理

变电站轨道式智能巡检机器人系统集成声音采集、红外温湿度环境采集、SF_6气体检测等多种先进的传感器融合技术，基于图像识别或传统图像标定方法对缺陷进行识别分析，融合导航定位技术等，有效地降低人工巡检频次，提高设备巡检效率，实现自动化智能化的巡检。

（1）轨道机器人射频识别技术（Radio Frequency Identification，RFID）导航系统。在轨道上间隔一定距离布置 RFID 标签，机器人通过 RFID+码盘+IMC 实现运动定位及导航。RFID 标签在进入读写器信号范围内时会向外发射带有位置信息的信号，机器人读取位置信息实现精准定位。

（2）智能图像识别。轨道机器人通过深度学习深层卷积网络算法或传统图像标定方法，对可见光和红外摄像头拍摄的图像进行识别，获取表盘或设备等状态信息，实现对设备部件、设备外观缺陷进行检测。将红外摄像头和可见光摄像头拍摄到的变电站开关室设备缺陷照片传输到后台系统中，通过数据筛选归集将图像进行分类，滚动更新识别数据库，进一步提高机器人算法识别的准确度。

3. 轨道式智能巡检机器人的产品功能

轨道式智能巡检机器人的产品功能见表 8-2。

表 8-2　　　　　　　　　　　　轨道式智能巡检机器人的产品功能

功能类别	主要功能	功能说明
巡检模式	自主巡检	根据预先设定的巡检内容、时间、周期、路线等参数信息自主启动并完成全站巡检任务，并自动记录保存所采集到的数据
	定点巡检	可设置区域内任意巡检点，轨道式智能巡检机器人根据当前设定的位置及目标点，自主完成巡检任务
	遥控巡检	操作人员通过客户端，用鼠标、键盘遥控轨道式智能巡检机器人，完成巡检工作
安全功能	防碰撞	机器人具备激光或超声波避障传感器，当检测到异常物体或人体可以自动停止或避让
检测功能	环境温湿度检测	温湿度检测搭载红外热像仪时和温湿度传感器，对变电站开关室室内进行温湿度检测
	局放监测功能	通过分析局部放电信号幅度及图谱，评估设备内部绝缘劣化程度，为设备的状态维修提供科学的决策依据
	SF_6 气体检测	通过气体传感器，检测周围环境气体浓度
	可见光图像识别	空气开关、隔离开关、指示灯等状况正常
	表盘数据监测	对有读数的表盘进行数据读取或者对于开关的位置进行监测、自动记录和判断
其他功能	噪声识别功能	对噪声进行采集，判断是否处于正常工作状态
	双向语音远程对讲功能	实现轨道式智能巡检机器人和后台端完成远程语音对讲
	报警功能	机器人本体和巡检结果异常告警
	机器人自检功能	通过电源监控系统、硬件驱动监控系统、通信监控系统、检测设备监控系统对机器人系统进行自检，保证机器人系统顺利运转
	第三方设备联动功能	与第三方设备进行数据交互，将通过共有的网络平台将控制指令发送给风机、灯光等，实现第三方设备的智能控制
后台管理	系统管理	系统设置、用户登录管理、多视窗管理
	实时显示	视频、热成像、传感器参数曲线，显示多台穿梭机器人在运行区域平面图上的准确位置，显示机器人的移动方向、速度，多屏幕同时显示不同的内容
	巡检调度	巡检路线规划、巡检时间安排、充电时间安排
	车体控制	行走、停车、操作云台、车体精确定位
	数据采集、分析、报警	巡检检测数据采集、定点数据采集、数据对比分析、发现异常、服务器发出报警、向监控中心发送报警信号
	与配电集控平台接入和数据交互	实时可接入配电集控平台，向平台上传各类传感器数据、视频及热成像数据视频数据。监控中心也可以向下发送调度指令，控制机器人到达指定位置，远程操控云台

8.2.2 变电站轮式巡检机器人系统

1. 变电站轮式巡检机器人介绍

变电站轮式巡检机器人由运动单元、控制器、传感器、供电系统、通信系统、软件后台等组成。机器人主要通过控制动力单元（如电机）等驱动机器人底盘进行移动，同时搭载多种智能传感器（如视觉、气体、声音等）捕获设备状态信息、环境信息等，通过网络通信系统进行数据远程传输，软件后台对采集到的信息进行数据分析、算法处理和异常告警，实现对变电站生产环境的智能化运维。

轮式机器人典型应用场景为变电站室内外等各场景，如室内开关室、室外变压器、隔离开关、电流互感器、电压互感器等，根据电压级别对以上设备进行日常巡检，保证变电站整体稳定运行。变电站传统巡检方式为人工巡检，人工巡检方式存在着劳动强度大、效率低、检测质量难以保证等不足，易因巡检不到位而造成设备缺陷的异常发展，影响安全供电，如图 8-5 所示。

图 8-5 变电站人工巡检示意图

变电站轮式机器人主要巡检内容见表 8-3。

表 8-3   变电站轮式机器人主要巡检内容

巡检对象	巡检内容
开关柜	开关柜屏上指示灯、带电显示器、操作方式选择开关状态是否正常、分合闸状态、压板状态、电流电压等表计读数、柜内局部放电、柜体温升、噪声
油浸式变压器（电抗器）	设备外观、地面油污、本体油位、油温表、声音检测、铁芯夹件绝缘子、本体呼吸器、有载调压挡位表、有载过滤装置柜
隔离开关	本体机械闭锁、分合闸状态、引线接头、导电臂及触头

续表

巡检对象	巡检内容
电流互感器、电压互感器	本体外观、油位、地面油污、引线接头、电流互感器端子箱、T 形接头
避雷器	设备外观、泄漏电流表、引线接头、T 形接头、引下线
母线及绝缘子	母线接头处、母线绝缘子
穿墙套管	金属封板、绝缘子、引线接头、末屏
消弧线圈	红外测温、设备外观、地面油污、本体油位、油温表、声音检测
站用变压器	设备外观、地面油污、本体油位、油温表、声音检测、铁芯夹件绝缘子、本体呼吸器、有载调压挡位表、本体气体继电器、套管绝缘子、套管引线接头、套管引流线、套管油位、低压空开分合闸指示、低压空开储能指示、低压空开手车位置
接地装置	设备外观
端子箱及检修电源箱	设备外观

2. 变电站轮式巡检机器人的主要原理

变电站轮式巡检机器人系统整合噪声、SF_6 气体检测、可见光和红外视觉等多种传感器融合技术、基于图像智能分析识别与缺陷判别技术、融合导航与定位技术、超声波地电波和非接触式的特高频局部放电检测技术等，有效降低人工劳动强度，降低运维成本，提高巡检作业管理的自动化和智能化水平，如图 8-6 所示。

图 8-6　变电站机器人巡检示意图

（1）激光导航定位技术。巡检机器人的核心优势和特征在于其灵活的空间运动能力，实现这一特色功能的基础技术为定位导航算法。定位导航算法要解决机器人当前的空间位姿状态估计和到目标点路径规划执行的需求，根据应用场景的不同一般会选取适合的技术路线和传感器组合。

激光导航方式采用激光传感器，可密集测量周围物体（如墙、柱子、仪器设备等固定物体及人、物料、指示牌等临时动态物体）表面与传感器的距离信息，从而获得周围物体的轮廓信息。机器人事先构建环境完整地图后，根据当时观测到的局部轮廓信息匹配地图特征，并结合前续状态和里程计等辅助信息，通过优化算法估计机器人的当前位姿。根据激光传感器的感知维度，可分为单线激光（对应三维地图和二维感知）和多线激光（一般有 16 线、32 线、64 线、108 线等，对应三维地图和三维感知），如图 8－7 所示。轮廓激光导航技术具有很强的灵活性，可适应临时任务和动态路径调整，且部署以软件操作为主，工作量和成本较其他方案有很大优势，其缺点是在室外应用中遇到下雨大雾等恶劣天气条件时无法稳定运行。目前轮廓激光导航技术是电力巡检机器人的主流技术，且逐渐由二维激光定位导航升级到三维激光定位导航。

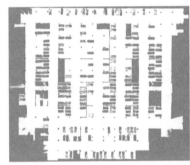

图 8－7　二维/三维激光地图示意图

（2）局部放电检测技术。传统人工巡检主要是通过人工携带局部放电检测移动装置进行检测，需要人员将装置放置在设备固定合适的位置并结合测量显示屏上的相关结果提示进行操作与记录等。机器人局部放电检测主要是通过机器人本体搭载接触或非接触式传感器进行检测，如图 8－8 所示。

图 8－8　机器人云台搭载接触式传感工作

局部放电检测主要有超声波、暂态地电压以及特高频几种检测原理。

超声波功能采用中心频率为 40kHz 左右的超声波传感器来采集超声波放电信号，只要保证放电源与超声波传感器之间存在空气通道就可以很容易检测到局部放电信号。

暂态地电压在发生局部放电时会产生一个暂态地电压信号（简称地电波或 TEV），TEV 信号是一种上升沿只有纳秒级的持续时间非常短的暂态电压，其幅值瞬间可达到几毫伏甚至几百毫伏，此信号只能在开关柜柜体使用专用的容性传感器时才能监测出来。

特高频局部放电检测技术相较于超声波以及地电波具有检测效率高（非接触式）、定位精度要求低等优势。超声波以及地电波检测主要是针对局部放电时产生的低、高频射频信号，通过接触式传感器进行检测。特高频检测主要原理为当发生局部放电时，除了会产生低、高频信号，还会产生更高频率的射频信号，此信号频率高达 3GHz 甚至更高，被称为特高频或超高频信号。特高频信号只能从非金属屏蔽间隙中散发出来。检测时可以将局部放电传感器停靠在离金属柜体缝隙 5～10cm 处的位置（不接触金属柜体）来实现特高频放电信号的测量，如图 8-9 所示。

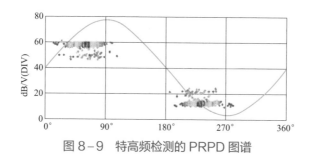

图 8-9　特高频检测的 PRPD 图谱

3. 变电站轮式巡检机器人产品功能

变电站轮式巡检机器人产品功能见表 8-4。

表 8-4　　　　　　　　变电站轮式巡检机器人产品功能

功能类别	主要功能	功能说明
巡检模式	自主巡检	根据预先设定的巡检内容、时间、周期、路线等参数信息自主启动并完成全站巡检任务，并自动记录保存所采集到的数据
	定点巡检	可设置区域内任意巡检点，轨道式智能巡检机器人根据当前设定的位置及目标点，自主完成巡检任务
	遥控巡检	操作人员通过客户端，用鼠标、键盘遥控轨道式智能巡检机器人，完成巡检工作

续表

功能类别	主要功能	功能说明
检测功能	红外温度检测	针对容易发生温度异常的接头、触头等进行红外测温
	局部放电检测	对柜体内部的低、高频射频信号进行检测
	可见光图像识别	开关刀闸状态识别、状态指示灯自动识别、压板位置识别、空气开关状态识别、旋钮开关位置识别
	SF_6气体检测	通过气体传感器检测周围环境气体浓度
	环境温湿度检测	保证设备工作环境在合理范围内
安全功能	防碰撞	机器人配备激光和超声波防碰撞传感器,在行走过程中如遇到障碍物能及时停止,在全自主模式下障碍物移除后能恢复行走。 声波防碰撞传感器,在行走过程中如遇到障碍物能及时停止,在全自主模式下障碍物移除后能恢复行走
	自主绕障	当机器人遇到障碍物时可自主重新规划路线,以保证巡检任务的完成
	防跌落	在行走过程中如遇到下行台阶、坑洞、悬空等机器人无法通过的场景能及时停止
其他功能	机器人自检	机器人关键部件发生故障时,均能在本地监控后台(或)手柄、机器人本体上以明显的声(光)进行报警提示,并能上传故障信息;根据报警提示,能直接确定故障的部件(或模块)
	自动报警	机器人本体故障报警; 巡检结果异常告警; 通信异常告警
	自主充电	机器人能够与充电设备配合完成自主充电,当电池电量低于阈值时能够自动返回充电
	脱机独立工作	机器人本体嵌入本机系统,可脱离 Web 后台系统独立工作,所有巡检数据的分析识别处理均在机器人本体的处理器上完成,可作为边缘计算设备接入电力物联网管理平台
后台功能	机器人列表展示	可以对机器人当前的状态进行实时查看,并且可以调取分区下的某个单站机器人反馈的图像显示进行监控
	机器人监控	对选择的区域内的所选机器人进行实时观测,可以调取当前巡检的可见光和红外视频,可以确认机器人的当前状态,以及获取当前巡检的一些图像信息
	数据审核	通过条件精确地找到自己所需要的数据,并通过查看和记录看到机器人巡检得到的信息结果
	任务管理	任务查询:进行历史任务以及实时任务的查询与管理; 任务下发:为机器人下发巡检任务,可以选择人需要执行的任务和机器人所要经过的巡查点,任务的模式为:全面巡检、例行巡检、专项巡检和特殊巡检
	系统配置	用户管理、变电站管理、缺陷库管理
	数据统计	缺陷统计中心:详细缺陷统计个数、每月巡检设备的次数、每月新增的缺陷个数及缺陷比; 告警统计中心:详细告警统计个数、每月巡检设备的次数、每月新增的告警个数及告警比

8.2.3　四足智能巡检机器人系统

1. 四足智能巡检机器人介绍

四足智能巡检机器人不依靠轮子或履带能够灵活运动，轻松越过障碍物，噪声小，无污染，可替代人工在各种极限环境或危险环境中执行巡检、安防等任务，为高压变电巡检、消防救援、反恐、排爆等应用场景提供智能化解决方案，如图 8-10 所示。

图 8-10　四足智能巡检机器人

2. 四足智能巡检机器人主要原理

产品由机器人主体、驱动系统、控制系统和视觉感知系统组成，其腿部采用仿生运动步态，具备行走、溜步、跑步等运动能力，每条腿有三个运动关节，每个关节由一个电机驱动。通过柔顺控制、步态规划、多自由度协调节律运动控制方法，动目标位置快速估计技术，以及基于生物反射建模的自适应运动控制方法，结合激光雷达自主定位和导航能力，实现实时定位、灵活运动和动态避障。四足智能巡检机器人也是一个可进行二次开发的智能机器人系统平台，支持搭载各种感知类传感器，实现各种感知功能扩展。

3. 四足智能巡检机器人产品功能

四足智能巡检机器人产品功能见表 8-5。

表 8-5　　　　　　　　四足智能巡检机器人产品功能

功能类别	主要功能	功能说明
运动功能	行走特性	机器人应能满足直线、转弯、越障、爬坡、爬楼梯等行走要求
	运动姿态	机器人应具备关节 360°旋转，具备匍匐、跳跃、站立等姿态，可以通过狭窄的通道
	爬坡能力	机器人应能爬上 20°的斜坡和 35°的楼梯，可以原地旋转

续表

功能类别	主要功能	功能说明
运动功能	运动速度	机器人行走速度不低于 1.5m/s，爬楼速度不低于 0.8m/s
	载荷功能	机器人平台负载应不小于 10kg，能满足上装局部放电检测、云台等设备的功能要求
检测功能	可见光和红外检测	携带高清云台，采集现场各角度可见光、红外图像并识别读取目标状态数据
	环境噪声和气体检测	可携带气体、噪声检测传感器，能实时检测 SF_6、O_3 等有毒有害气体和噪声监测
	安防检测	具备安防检测功能，可以进行安防巡逻，对陌生物体、生物如老鼠、鸟等识别告警
安全功能	环境适应性	机器人应具备全天候工作能力，适应 −10～+50℃的环境温度；机器人应防尘防水，具备 IP55 以上规格的防护等级；抵挡 10 级大风
	自保护功能	机器人应具备防倾覆、避障、冲击或碰撞保护等功能；机器人应具备摔倒后自动站起的功能，复位空间小
其他功能	可扩展功能	机器人应预留接口，可定制专用的任务模块，而且拆卸方便
	续航能力	机器人应能满足正常巡视 4h 以上的续航时间，充满电时间不得大于 2h
	自动充电功能	机器人应具备自主充电功能
	巡检模式	支持三种操控模式：全自动巡检、定点巡检、远程遥控
	自动导航功能	携带激光雷达和深度摄像机等组成的自主导航模块，具备自动建图、自动路径规划、运动控制、环境编号感知的能力

4. 应用局限性

目前四足智能巡检机器人已用于学科实践教学，逐步推广应用于工厂、园区、变电站、城市地下管廊及其他重要场所，对上述区域进行例行检查和定点巡查，获取环境信息以及设备的识别信息。但目前四足智能巡检机器人续航时间较短、负载重量不足、越障高度无法跨越挡鼠板、陡峭楼梯攀爬困难、定位精度等多种缺点有待改进。未来随着技术的发展，四足智能巡检机器人各方面性能提升后，在非规则路面户外和消防等领域将展现出更大应用空间。

8.3 机器人巡检与人工巡检比对

机器人巡检与人工巡检对比见表 8−6。

（1）变电站站巡任务重：范围较大仪表繁多，人工巡视的模式下需三班倒每天不停歇巡检，工作内容枯燥、强度大，巡视人员很难在工作过程中全程保持较高专注力，难免出现漏检、误检。

（2）现场高压带电环境有危险性：环境以及长期工作带来的倦怠疲劳等问题，有很大的人员安全风险隐患，为保障巡视员工职业健康和降低安全风险，每年需要支付大量用于人员体检和劳动保护方面的费用。

（3）人工巡检成本高：从经济方面核算，巡检人员的专业素质要求较高、人工成本较大，从长远分析，部分巡检工作通过智能自动化设备替代人工，能够较大程度地降低人工成本负担。

（4）数据难以集中汇聚与有效利用：目前人工巡查记录的方式缺少数字化环节，与上层统计分析平台脱钩，不利于进一步的智能算法引入和综合效率提升。

表 8-6　　　　　　　　　　机器人巡检与人工巡检对比

对比指标	机器人巡检	人工巡检
成本	适中	较高
日工作时间	24h	6～8h
巡检科学性	高	低
数据集成与数据利用	高度集成、有效利用	数据集成成本高
安全性	远程管理，安全性高	有安全风险
时效性	实时	延时
场景适应性	部分场景与设备机器人难以进入，需要其他智能设备辅助	部分高危、高温场景不适合人员进入

综合分析，机器人巡检对比人工巡检可有效降低成本，提高巡检效率，并极大程度上提升运维智能化水平，实现变电站的智能感知与巡检数据的集成及深度挖掘，实现智能化无人化巡检。

8.4　系统发展趋势

随着"一带一路"倡议、"中国制造 2025"战略的深入实施，特别是特高压和各级电网的快速发展，电力机器人产业凭借高科技、智能化、先进性等独特优势，将迎来新的发展机遇和更为广阔的发展空间。

未来的智能变电站是一座信息实时展示、任务智能规划、工作一键下达、态势智能感知、决策智能辅助、检修自主操作的无人化智能运维终端，通过应用物联网、人工智能、大数据分析、云计算等新技术，大幅提升巡视效率，降低设备及人员的成本与风险，保障电网安全稳定运行。密切跟踪电力机器人新技术，以"云、大、物、移、智"等关键技术加强智能识别、多传感器融合等技术攻关，加快完善电力机器人产业体系，持续提升机器人质量可靠性、使用便利性、维护简便性，加速推进变电站"机器替人"的进程，未来变电站机器人巡检将实现从"能用"转向"好用"的发展。

8.4.1 完善功能性能

异物颗粒放电故障已严重影响 GIS 设备的安全运行，如何快速定位 GIS 腔体内异物颗粒的位置以及清理异物已成为目前亟须解决的问题。研制 GIS 腔体内部检测机器人，将有效解决因异物颗粒而导致的 GIS 局部放电甚至内部击穿等问题。

电力设备在运行过程中会发出各种声音，从声音变化强弱可以判别设备的运行状态甚至故障类别。机器人利用声学传感器获取现场设备运行时产生的声音，通过声音识别技术对变电站内噪声、放电声、振动声的频谱分析，判断现场声音的组成及故障类型。

除常规的仪表数据的视觉识别外能采集更多现场信息，对变电站环境中如工作人员作业不规范、非授权人进入、动物入侵、设备损坏异常、道路状态等异常进行识别，并与激光雷达进行融合，完善导航定位技术。

提高机器人对雨雪、极寒、大风、结冰、烟雾、沙尘等恶劣和危险环境的智能感知和自适应能力。

研制小型化、工具化机器人，进一步减小设备重量和尺寸，使机器人向运维班组工具转化，提高机器人巡检质量和效益。

研发机器人无线充电技术，充电基座内集成无线充电发射端，机器人内集成无线充电接收端，机器人靠近基座时自动完成充电，可有效改善续航问题，省去建造充电房的工作。

提升多元数据的智能诊断分析能力，利用计算机技术将来自多传感器的数据或信息进行检测、组合估计、关联等多级操作，从而得到关于观测或目标的精确状态、身份估计以及完整、及时的态势评估过程。

AI 直接影响巡检机器人的功能和应用水平，技术进步将加快智能巡检机器人普及率与更新换代节奏。AI 技术在电力智能巡检机器人的应用主要包括自主移动、控制与驱动、定位导航以及传感器数据采集、图像处理、语音采集与处理、专家系统分析与决策、大数据分析等方面。

8.4.2　模块化、标准化发展

由于目前机器人是紧耦合设备，如果现场需求发生变化，原配置的传感装置不能满足现场需求时，将无法进行迭代提升，设备就可能会被闲置，造成资产损失。同时，如遇界面不统一、数据输出格式不统一、维护要求不统一等问题，紧耦合关系对机器人运维提出非常高的要求，现场一线人员无法实现自主维护，设备维护便捷性差，机器人系统缺乏自动化远程升级功能，运维升级整改工作量大，降低了服务的及时性。基于此，如何提高设备维护的便捷性应该提上议事日程，需要在变电领域推动电力机器人模块化和标准化，实现电力机器人全生命周期内成本、风险、效能综合最优。

以变电站巡检机器人应用为主线，梳理相关管理规范和技术标准，加强标准的顶层设计和布局策划，制定分阶段制修订计划，全面推进变电站巡检机器人标准体系建设，加快变电智能运检模式转变。进一步优化检测环境，完善提升试验检测能力，全面实现标准化、定量化检测。持续严把设备入网质量关，在提高设备质量的同时降低设备采购成本。

8.4.3　系统间互联互通

进一步研究机器人后台监控系统与生产管理系统的信息交互、与站内辅助监控系统的联动技术，使机器人监控后台系统能向生产信息管理系统上报设备状态及缺陷数据等信息，尽快实现机器人后台系统与生产信息管理系统设备台账管理、设备缺陷管理、设备巡视管理、设备评价管理等功能融合。

开发适用于各厂家接入的变电设备智能巡检管控平台，兼容各厂家巡检机器人产品并可与调度自动化系统、变电站视频监控系统等上层系统及其他系统相结合，协同融合，为调控一体化的全面推广奠定基础。

8.4.4　优化管理机制

推进变电站机器人巡检的根本目的是提质增效，如果不断地部署新设备，管理要求上未及时优化，会严重挫伤基层推进机器人实用化应用的积极性。建立健全制度保障，强化实用化管控力度，深化信息集控，优化专家队伍建设，完善考核机制，持续提升机器人"出勤率、覆盖率、识别率"。

通过智能巡检机器人科技应用推动运维专业转型变革，研究制定适应智能变电站的运维管理模式，明确相关职责界面、新增业务归属调整等需求，融入大数据分析、智能终端维护管理等专业内容，编制变电站智能巡检机器人运维管理规定、典型案例汇编，提高变电站机器人运维管理水平。

做好生产班组的转型及人员结构调整，加强运维人员专业培训管理，编制标准化作业辅导材料，实行变电站智能巡检机器人运维标准化作业。减少现场一线员工繁杂、低效、重复的工作量，提高运维工作的质量和效率。

目前电力机器人专业人才十分紧缺，缺少电力机器人制造人才、电力机器人应用人才和具备电力机器人系统集成能力的人才，亟须健全变电站智能巡检机器人工作组，建立定期交流学习机制。

以变电站智能巡检机器人集中管控平台和辅控平台为信息抓手，推进实用化阶段机器人信息化集控应用。制定机器人维保及服务标准，明确厂家维保服务人员的维保、服务标准，规范机器人维保及服务要求。

第 9 章

无人机巡检子系统

9.1 系统组成与架构

9.1.1 系统概述

1. 无人机变电站巡检技术发展概况

变电站内电力设备的巡检人员每天面临的工作量巨大，工作任务艰巨，传统地面人工和机器人的巡检方式存在死角，对于高空及间隙内设备存在巡检不到位和无法带电巡检问题。为了有效保障变电站日常巡检工作的质量，引入无人机飞行器有效控制电路设备安全，防治变电设备遗漏、误检等问题，实现最佳的检测效果，保障变电站的运行质量和效率。

在国内外电力系统领域，无人机多用于各种电压等级的输电线路巡视。国家电网公司在"十二五"期间全面推广输电线路智能化巡检技术，2013 年选取了 10 个试点单位，利用两年时间在输电线路上开展无人机巡检试点工作，极大地提高了线路巡线作业效率。通过近三年发展，国家电网公司 2015 年颁布了数项无人机输电线路巡视作业企业标准，在多省配置了输电线路无人机作业班组并开展了常规化作业。在南方电网公司，2015 年以来，多旋翼无人机累计开展输电线路巡检超过 69 990 架次，发现缺陷/故障点超过 7149 处。综上所述，无人机目前在国内外输电线路领域应用如火如荼，发展势头强劲。

与之形成鲜明对比的是：目前国内外无人机在变电站领域的应用仍处于起步研究和尝试研究阶段，未形成大范围的推广应用。国外电网公司和科研机构只开发过高空机器人在高空行走轨道线上对站内设备进行巡检监控，是当前无人机巡检作业的雏形。近两年，国内开始利用无人机进行变电站巡检，目前采用的方式主要有以下几种。

（1）变电站手动控制巡检方式。变电站手动控制巡检方式进行巡检，是专业飞手到变电站现场手动操控高精度定位无人机，根据巡检需求对变电站相应设备进行巡检。此种方式对飞手要求极高，需要经验丰富的专业飞手进行，巡检过程中需要时刻关注无人机飞行状态、电池电量等，为变电站巡检带来不便。

（2）变电站手动示教巡检方式。变电站手动示教巡检方式，是专业飞手根据变电站巡检设备台账信息对变电站进行巡检。在巡检过程中通过记录巡检航线，实现巡检航线反复使用，以便变电站运维人员根据记录的巡检航线对变电站进行自动巡检。

利用此种方式对变电站进行巡检，如因待巡检设备变更，导致巡检航线须增加、修改及删除，仍需要专业飞手到巡检现场进行巡检航线采集，另外，巡检人员虽然可以进行无人机自动巡检，但巡检人员须到现场对无人机状态进行实时监控，并及时更换无人机飞行电池，并不是真正的变电站无人机自动化巡检方式。

（3）变电站无人机智慧机库方式。利用变电站无人机智慧机库方式，即前文介绍的针对变电站智慧型辅助系统搭建的无人机巡检子系统，可实现变电站后台巡检任务自动下发，无人机自主执行巡检任务，从而进行变电站无人机全方位立体化巡检，运维人员后台进行巡检任务下发及全流程管控，利用 4G/5G 信号实现数据流高速传输，运维人员后台进行数据查看、管理及分析。可真正实现变电站无人机自动自主智能巡检，构成变电站无人机全方位立体化巡检系统，真正推进变电站无人机值守进程。

2. 无人机变电站巡检技术应用现状

目前，利用变电站无人机智慧机库方式进行变电站智慧型巡检，已在国内开展试点应用，从变电站高精度三维模型建立、无人机巡检航线规划、巡检任务远程创建下发、无人机自动巡检自主换电到数据高效回传，巡检人员进行数据远程管理，形成从数据采集、数据处理、数据应用到一键式巡检、数据管理全流程的变电站无人化运维管理，真正推进变电站"无人值守"进程，目前已于湖北、四川、黑龙江等地多个变电站进行示范应用，已取得良好效果。

9.1.2 变电站无人机巡检应用

利用无人机巡检系统对变电站进行自主巡检，主要流程如图 9-1 所示。

1. 无人机巡检

利用无人机进行变电站自动巡检，主要步骤分为变电站激光点云采集、变电站高精度三维模型建立、激光点云复核、变电站巡检航线规划、航线验证、无人机机库及管控平台部署调试、巡检任务创建下发、无人机自主巡检及巡检过程后台监控。

（1）控制点布设。根据现场环境选择测量控制点（见图 9-2），布设测量设备，对变电站设备及环境进行点云采集。

布控点选择原则：

1）观测控制网布设精度高于变电站精度一个等级。

2）控制网各控制点平面坐标采用高精度全站仪实施导线测量，高程采用精密水准测量方法。

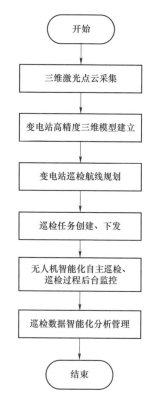

图 9-1　变电站无人机智能巡检流程图

图 9-2　控制点布设

3）控制网网形合适，满足三维激光雷达扫描仪完全获取变电站数据的要求。对部分结构复杂的区域，应加密变形监测控制点，使扫描时更好地获得扫描数据。

4）控制网中各相邻控制点间通视良好，要求一个控制点至少与两个控制点通视。

5）为了提高测量精度，要求控制点与被测变电站设备之间的距离保持在50m以内或更近的距离。

（2）变电站激光点云采集。三维激光点云数据不仅包含目标的坐标信息，同时也包含了目标的高程信息，通过对三维点云数据的后处理，可以实现分析、量测、仿真、模拟、监测等功能。因此，利用三维点云数据进行变电站无人机巡检航线规划，可以很好地解决二维航线规划高程数据缺失导致飞行风险的问题，从而实现变电站无人机的自动化、智能化和安全化巡检。

考虑到变电站设备在垂直方向高度分布差异较大，本项目采用地面激光扫描仪进行激光点云数据获取。

利用软件平台控制三维激光扫描仪对变电站设备和反射参照点进行扫描，尽可能多地获取实体相关信息。三维激光扫描仪最终获取的是设备的几何位置信息、点云的发射密度值，以及内置或外置相机获取的影像信息。这些原始数据一并存储在特定的工程文件中。其中选择的反射参照点都具有高反射特性，它的布设可以根据不同的应用目的和需要选择不同的数量和型号，通常两幅重叠扫描中应有四到五个反射参照点。

数据获取主要分为场地踏勘、控制网布设、靶标布设、扫描作业四步，如图9-3所示。

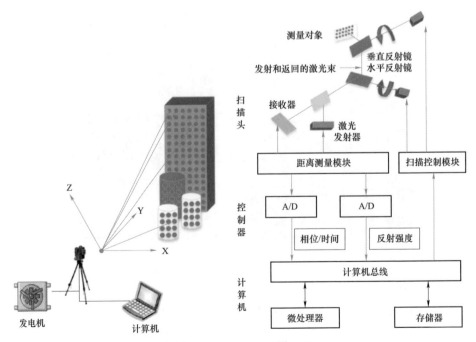

图9-3　地面激光扫描原理

（3）变电站高精度三维模型建立。针对地面激光扫描仪及无人机搭载的多线激光雷达获取的变电站三维激光点云数据，进行激光点云去噪、纠偏、复核等预处理及精度校正操作。

激光点云去噪是指在获取激光点云数据时，由于观测条件、仪器设备自身及外界环境条件的影响，一般会扫入一些影响特征点提取和三维航线规划精度的噪声数据，在三维航线规划前针对不同的点云类型采取不同的方法将噪声数据去除。针对有序点云为代表的数据之间位置关系较为规律的点云数据，通常采用平均邻域法、最小二乘法、孤立点排异法等进行去噪处理。平均滤波、中值滤波、高斯滤波、最小二乘滤波以及卡尔曼滤波算法等是常用来处理这种情况的平滑滤波算法，中值滤波经常用来剔除掉一些无效的噪声点，高斯滤波常用来尽可能将数据分布保持下来的场景中，平滑滤波则处于两者之间。针对散乱、无序的点云数据，通常采用的算法包括基于小波分析和 BP 神经网络的去噪方法、拉普拉斯算法、双边滤波算法和均匀曲率流算法、均值漂移算法等。

采用激光点云处理软件，对激光点云进行自动去噪，剔除点云数据中的二次回波、空中漂浮物、飞鸟等离群点等噪点，实现激光点云数据的去噪。去噪后的点云数据应满足以下要求：肉眼能明确、清晰辨别目标物体点云、目标物体点云无遮挡、周边无散乱无序点、点云模型空间整洁且无影响后期建模精度的异物点。

激光点云纠偏是将去噪后的激光点云数据，基于同名控制点转换到相同的坐标系中，获取精准的三维坐标。因此，同名控制点的布设和选取精度，直接关系到点云纠偏的质量。

控制点布设应在采集控制点时确保至少 4 颗卫星的 GPS 信号可用、保持 3～5min 的连续观测以达到半厘米级的精度、各方向上均有 2m 范围的开阔区域、远离可能遮挡的高大建筑或植被。原则上，控制点布设不能少于 3 个，控制点精度控制在 5cm 以内。若需要飞行多个架次采集点云数据时，布设的控制点应落在重叠区间内。

纠偏流程应从点云选取明显特征点（例如地面凸起、有棱角的物体）并且易到达的地方，至少选取三处作为控制点，并记录控制点的经纬度、高程值。到现场测量点云选取的控制点的坐标值，使用实时网络差分定位（Real-time Kinematic，RTK）直接放置到控制点上（对于不能直接放置的控制点将 RTK 放在对中杆上测量，计算高程值时要注意是否需要减去杆高）进行测量。测量模式需要登录账号、使用固定解、RTK 保持水平，并记录控制点的经纬度、高程值。用现场测得的控制点坐标值与点云同名控制点坐标值进行对比，求出平均偏移值，然后将点云整体偏移进行纠偏。

纠偏后的激光点云数据统一至坐标系统下，纠偏的精度控制在 30cm 以内。用控制点对点云数据进行纠偏后，纠偏的精度控制在 30cm 以内，纠偏前的控制点和纠偏后的控制点应统一在千寻坐标系统下进行，最后生成三维模型（见图 9-4）。

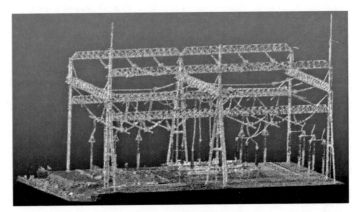

图 9-4　三维模型建立

（4）激光点云复核。为检验校准后的变电站设备三维点云数据的精度，在经过点云去噪、点云纠偏后建立的模型，需要进行数据复核。首先，需要在模型上进行选点（选取的点位应具有代表性，如设备关键节点、巡检部件等，根据模型长度等间隔分布，不能少于 3 个）并记录坐标数据、高程数据，由专业测量人员手持网络差分 RTK 实地测量模型上已选取的点位坐标、高程信息，将采集到的坐标、高程信息与模型上记录的坐标、高程信息两两作差不能超过0.2m。为确保复核效果应利用千寻定位系统来对实地点位坐标高程信息进行采集作为第三方检校，以防出现人为操作误差。

（5）变电站巡检航线规划。根据变电站设备高度，不同电压等级划分为不同高层范围，将巡检设备分为低层、中层、高层进行不同高程巡检，或按照变电站巡检设备间隔划分为巡检单元，按照不同间隔单元进行巡检，见表 9-1。

表 9-1　　　　　　　　变电站巡线规划表

序号	巡视区域	设备类型	巡视部位	巡检策略
1	高空	悬式绝缘子	绝缘子表面、连接金具	俯视拍摄，距离 3~4m
2		高空软母线	引线、线夹、接头、软母线、硬母线焊接点、连接金具、悬式绝缘子	

续表

序号	巡视区域	设备类型	巡视部位	巡检策略
3	中空	电流互感器	外绝缘、油位、金属膨胀器、引线、接头、线夹	俯视拍摄，距离3~4m
4		电压互感器	外绝缘、金属膨胀器、引线、接头、线夹	
5		支柱管母线	支柱绝缘子、绝缘子上下部连接处、管母抱箍、管母软连接处	
6	低空	断路器	外绝缘、引线、线夹	平视拍摄，表计类2m左右
7		避雷器	外绝缘、引线、接头、线	
8		主变压器	套管油位、将军帽、引线、接头、线夹、顶盖及顶盖上安装的各类设施	
9		各类表计	温度表、油位计、压力表等	
10		隔离开关	触头、压紧弹簧、导电臂、引线、接头、线夹	

以某变电站部分区域为例，进行航线规划流程简要介绍。首先将变电站巡检设备台账与点云绑定，红色点位为巡检设备位置，蓝色点位为自动生成的巡检航拍点，如图9-5所示，可根据实际巡检需求对单个航拍点云台角度、空间距离、机头方向进行设置，如图9-6所示。并可根据选取的设备台账自动生成最优的巡检航线，如图9-7所示，巡检航线路径通过碰撞检测，绿色显示绝对安全，红色显示存在无人机碰撞风险，如图9-8所示。

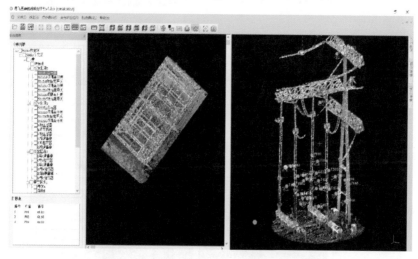

图9-5 变电站设备台账与航拍点示意图

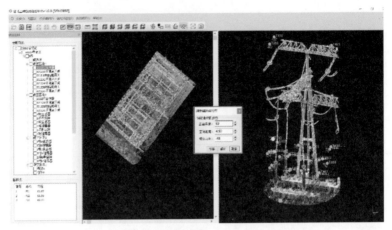

图 9-6　变电站设备航拍点设置示意图

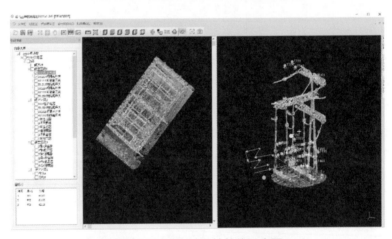

图 9-7　变电站巡检航线示意图

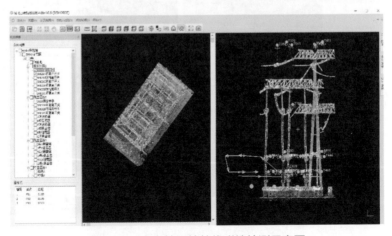

图 9-8　变电站巡检航线碰撞检测示意图

（6）航线验证。为保证变电站巡检路线安全，应采取以下措施。

1）虚拟碰撞检测：进行航线规划时，设置巡检安全检测距离，以无人机巡检航点为中心，以安全检测距离为半径，设置安全球，通过检测安全球与变电站三维模型的交点，判断变电站巡检航线的安全性，进行虚拟碰撞检测，检测通过后方可导出无人机巡检航线。

2）紧急避险航线建立：进行变电站巡检航线规划时，建立无人机巡检最小单元，设置巡检入口及巡检出口，进行航线规划时变电站三维航线规划软件自动动态生成巡检航线，在遇到变电站巡检突发情况时自动规划上升路径，实现巡检无人机自动返航。

3）航线复测：专业飞手进入变电站，对规划的变电站巡检航线进行航线复测，根据现场试飞情况进行巡检航线安全验证，对可能存在巡检事故隐患的无人机巡检点位进行现场验证，保证巡检航线安全。同时，按照规划的变电站无人机巡检航线，进行现场实际飞巡，采集巡检数据，检查巡检数据质量。

（7）无人机机库及管控平台部署、调试。受电池容量及无人机载重能力限制，无人机续航时间有限，在巡检过程中需要巡检人员进行现场更换电池，携带电池及进行电池充放电过程给变电站无人机巡检造成极大不便，无法做到变电站巡检无人化，目前的变电站无人机智慧型辅助系统通过建设无人机智慧机库，可突破无人机续航能力限制。

智慧机库为无人机提供起降场地、存放、充电、数据传输等条件，可为多旋翼无人机创造全天候恒温恒湿的存放空间，采用先进的降落引导系统、抓取机构和机械爪系统，实现变电站自动巡检无人机的精准降落、快速电池更换以及自动充电，并具有独立的环境监测系统能够自动判断适飞条件，保障巡检的安全性，如图9-9所示。

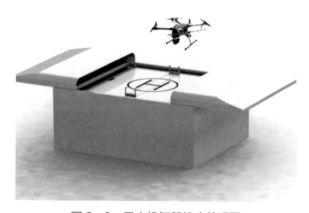

图9-9　无人机智慧机库外观图

同时部署智能管控平台对航线进行统一管理，并根据实际需求创建巡检任务，远程向智慧机库下发巡检任务，机库中的高精度定位无人机接收到任务指令将自动判断适飞条件，实现自动起飞，按既定的航线任务自动完成飞巡作业。无人机在作业过程中，平台能实时监测无人机飞行及机库的运行状态，并实时查看无人机回传的现场作业图传视频，对巡检作业进行实时监控。待巡检任务完成后，无人机将自动返回智慧机库，实现精准降落，并自动将巡检成果数据上传至管控平台，进行统一规范化数据管理。

（8）巡检任务创建、下发。巡检人员通过后台管控平台，创建无人机巡检任务，巡检计划自动下发至无人机智慧机库。

（9）无人机自主巡检及巡检过程后台监控。巡检人员通过后台管控平台，进行无人机巡检任务实时监控、无人机状态及智慧机库状态监控。

2. 多光谱检测

多光谱检测技术在变电站巡检应用中主要通过可见光成像与红外测温成像实现。

（1）无人机可见光成像技术。可见光成像设备的主要技术参数包括曝光、对焦、白平衡、EV 值等。

1）曝光。曝光包括三要素：光圈、快门、ISO。

光圈是一个用来控制光线透过镜头，进入机身内感光面光量的装置，它通常是在镜头内。表达光圈大小是用 F/数值表示，光圈 f 值＝镜头的焦距/镜头光圈的直径。f 值通常包含 f1.0，f1.4，f2.0，f2.8，f4.0，f5.6，f8.0，f11，f16，f22，f32。光圈值越小，镜头中通光的孔径就越大，相比光圈值大的光圈进光量就越多。

快门是拍摄照片时控制曝光时间长短的参数。过快的快门速度会造成照片成像时进光量不足，导致照片曝光度不足，图片偏暗。过慢的快门速度会造成照片进光时间过度，导致照片过曝，或照片拖影，影响分辨。

ISO 即感光度，是衡量底片对于光的灵敏程度。为了减少曝光时间，相对使用较高敏感度通常会导致影像质量降低，易出现噪点。在拍照时，设置光圈大小，可以决定照片的亮度（通光量），同时也决定了照片的背景/前景虚化效果（景深透视）。设置快门速度同样可以决定照片的亮度，但是也同时受限于具体拍摄需要，例如必须使用慢速快门拍摄或者需要使用高速快门抓取瞬间的情况。所以，在调节这两个曝光要素时，需要考虑是否会影响到照片其他方面的效果。它不会受限于其他因素，而只需根据需要来自由调节它的大小。

控制 ISO 是控制相机传感器对当下光线的敏感程度，ISO 设置越高，敏感度越高，如果要保证照片一定的曝光量，所需的快门速度不能太慢，或者光圈不能太大；ISO 设置越低，敏感度越低，如果要保证照片一定的曝光量，所需的快门速度和光圈大小都需要更慢或者更大。

传统意义上讲，低 ISO 是指 ISO 值在 50～400，高 ISO 值是指大于 800。使用低 ISO 能拍摄出相对细腻的画质，使用高 ISO 能在光线不足的情况下将快门速度保持在安全快门以内，保证画面"不糊"。在光线充足的时候，建议使用较低的 ISO 拍照；在光线昏暗的时候，推荐使用较高的 ISO 拍照。

2）对焦。对焦就是通过改变镜头与感光元件之间的距离，让某一个特定位置的物体通过镜头的成像焦点正好落在感光元件之上，得出最清晰的影像。

从无限远的平行光线通过透镜会落在镜头焦距的焦点上，所以一般的泛对焦就是对焦在无限远，也就是感光元件放在离镜头焦距较远的位置上，这样近处物体的成像焦点就落在感光元件后面，造成成像模糊；而通过对焦把感光元件和镜头间的距离加大，就可以得到清晰的成像。对焦的英文学名为 Focus，通常数码相机有多种对焦方式，分别是自动对焦、手动对焦和多重对焦方式。

自动对焦：传统相机采取一种类似目测测距的方式实现自动对焦，相机发射一种红外线（或其他射线），根据被摄体的反射确定被摄体的距离，然后根据测得的结果调整镜头组合，实现自动对焦。

手动对焦：通过手工转动对焦环来调节相机镜头从而使拍摄出来的照片显得清晰的一种对焦方式，这种方式在很大程度上依赖人眼对对焦屏上的影像的判别以及拍摄者的熟练程度甚至拍摄者的视力。

多重对焦：很多数码相机都有多点对焦功能，或者区域对焦功能。当对焦中心不设置在图片中心的时候，可以使用多点对焦或者多重对焦。

3）白平衡。所谓色温，从字面解就是颜色的温度。温度有分冷暖，红黄啡这些颜色称为暖色，而青蓝绿称为冷色，色温的单位是以 K 值来表示，"K"是"Kelvin"（绝对温度），是量度色温的单位。色温数值越低越偏向红色（愈暖），数值越高则越偏向蓝色（愈冷）。一般来说，数码相机有三种方法可获得正确的白平衡，分别为全自动/半自动及手动。随着摄像科技的进步，自动白平衡模式在大多数情况下都能让用户获得理想的颜色。

4）EV 值。EV 是 Exposure Values 的缩写，是反映曝光多少的一个量，其最初定义为：当感光度为 ISO 100、光圈系数为 F1、曝光时间为 1s 时，曝光量定义为 0，曝光量减少一挡（快门时间减少一半或者光圈缩小一挡），$EV-1$；曝光量增一挡（快门时间增加一倍或者光圈增加一挡），$EV+1$。

现在的单反相机或 DC 都有自动曝光功能，通过自身的测光系统对拍摄环境的光线强度进行准确的检测。从而自动计算出正确的光圈值＋快门速度的组合，这样相片就能正确地曝光。但是，某些特殊光影条件下（比如逆光条件）会引起测光系统不能对被摄主体进行正确的测光，从而相片不能正确地曝光。这时，就要依照经验进行＋/－EV，人为干预相机的自动曝光系统，从而获得更准确的曝光。

拍摄环境比较昏暗时需要增加亮度，而闪光灯无法起作用时，可对曝光进行补偿，适当增加曝光量。进行曝光补偿的时候，如果照片过暗，要修正相机测光表的 EV 值基数，EV 值每增加 1.0，相当于摄入的光线量增加一倍；如果照片过亮，要减小 EV 值，EV 值每减小 1.0，相当于摄入的光线量减小一半。按照不同相机的补偿间隔可以以 1/2（0.5）或 1/3（0.3）的单位来调节。

被拍摄的白色物体在照片里看起来是灰色或不够白的时候要增加曝光量，简单地说就是"越白越加"，这似乎与曝光的基本原则和习惯背道而驰，这是因为相机的测光往往以中心的主体为偏重，白色的主体会让相机误以为很环境很明亮，因而曝光不足。

针对"安全合适的拍摄距离"这个问题，经过大量巡检实践总结经验，可以借助图传设备屏幕中物体成像的大小和比例来判断离目标大小的真实距离远近。实验数据测定，以悟 2 无人机搭载 X4S 镜头为例，当一个 220kV 复合绝缘子占据到 3/4 图传屏幕宽度时，无人机与复合绝缘子的实际距离大约 5～6m，满足安全距离要求。

按照这种比例成像法，以此类推，就可以确定出各设备的安全拍摄距离，接下来拍摄前需要确保无人机悬停平稳，将拍摄目标尽量置于屏幕中央，最后在图传平板屏幕中点击目标拍摄物以辅助聚焦，再按快门，拍摄出一张清晰的设备图像。为避免操作失误或机器设备问题等不可控因素使图像失真，建议实际巡检时每个巡检位置略微改变角度拍摄 2～3 张作为补充，确保该位置巡检取像完毕，不往复作业。

无人机巡检中，除了拍摄时与设备的安全距离以外，安全方面还有一点要尤其注意的是严禁在线下进行飞行，这是因为如果在飞行过程中突发未知状况，造成失控，无人机设置的保护程序会使无人机自动垂直向上飞到返航高度，然后飞回到 GPS 记忆的起飞点，而如果恰好在线下时失控，飞机在垂直上升过程中就会触碰导线，引发炸机和故障。所以为了飞行安全，一定要避免从线下穿越飞回。

（2）无人机红外测温成像技术。目前红外测温成像设备在电力线巡检中已经得到广泛应用，而利用无人机搭载红外测温成像仪对线路上的导线接续管、耐张管、跳线线夹、导地线线夹、金具、绝缘子等进行拍摄，分析数据，判断其是否正常。同时，进行全程红外跟踪录像，极大地提高了线路巡检的工作效率，降低了设备故障的发生概率，保障了电力生产的安全进行。例如：金具异常发热成像（见图 9−10）、绝缘子异常发热成像（见图 9−11）。

图 9−10　金具异常发热成像

图 9−11　绝缘子异常发热成像

红外成像设备的主要技术参数与相关术语包括温度分辨率（热灵敏度）、探测器像素数、焦距与 F 数、空间分辨率、热像仪帧频等。

（3）温度分辨率（热灵敏度）。温度分辨率代表热像仪可以分辨的最小温差，通常以××mk 表示，直接决定了红外热像仪的图像清晰度，热灵敏的数值越小，表示其灵敏度越高，图像更清晰。对于低零值绝缘子与复合绝缘子的检测尽量选用温度分辨率指标较高的产品（≤50mk）。

（4）探测器像素数。探测器像素数是指传感器的最大像素数，通常给出了水平及垂直方向的像素数。常见分辨率有 320×240、384×288、640×480、1024×768 等。

（5）焦距、视场角与有效孔径（F 数）。

1）焦距，是光学系统中衡量光的聚集或发散的度量方式，指平行光入射时从透镜光心到光聚集之焦点的距离。通常焦距越长，其探测距离更远，但视场角窄、成本更高。

2）视场角，在光学仪器中以光学仪器的镜头为顶点，以被测目标的物像可通过镜头的最大范围的两条边缘构成的夹角，称为视场角，视场角越大焦距越短。对于目前采用 640×480 探测器的各种主要品牌与类型的热像仪，50mm 焦距镜头水平视场角约为 $12°$，25mm 焦距镜头水平视场角约为 $24°$，焦距与视场角的关系为对应等比例变化。

3）有效孔径，镜头的最大光圈直径和焦距的比数，是表示镜头的最大通光量，也是镜头的最大口径。譬如，一只镜头的最大光圈直径为 50mm，焦距为 50mm，则有 $50:50 = 1:1$，这只镜头的有效孔径就是 1:1，或称 F1，F 数越小进光量越大，热像仪的灵敏度越高，但景深越短，非制冷焦平面的 F 数通常在 $1 \sim 1.2$。

（6）空间分辨率（IFOV）。空间分辨率，是指图像上能够详细区分的最小单元的尺寸或大小，是用来表征影像分辨标细节的指标。该指标与热像仪的探测器像素数、焦距（视场角）等参数相关，通过空间分辨率及其相关计算，可以解答"设备可以看多远？"的问题，并决定了无人机的有效工作范围。

$$IFOV = \frac{2 \times \pi \times \sigma}{360 \times \eta}$$

式中　η——在焦平面探测器的水平像素；

　　　σ——热像仪水平视场角（采用 640×480 探测器，$17\mu m$ 像元直径探测器，50mm 焦距镜头，水平视场角约为 $12°$）。

最小目标边长（理想大气情况下）即大于该尺寸的目标可以填充满一个像素点，等于空间分标率（IFOV）与观察距离的乘积。采用 50mm 焦距、640×480 探测器热像仪镜头的 IFOV 值为 0.325mrad，观察距离为 10m 时的最小目标边长为 $0.000\,325 \times 10 = 0.003\,25m$，即 3.3mm；采用 25mm 焦距镜头的 IFOV 值为 0.65mrad，观察距离为 10m 时的最小目标边长为 $0.000\,65 \times 10 = 0.006\,5m$，即 6.5mm。

对于被测目标来说，由于其投影可能在两个像素点之间，因此其在探测器上的投影图像须填充满 3×3 个像素点才能确保准确测温，否则测温精度大幅下降，甚至不能观测到目标。根据上述计算，50mm 焦距的热像仪在 10m 的距离上可以对长宽各大于 1cm（直径约 1.5cm）的发热目标清晰成像并准确测温，25mm 焦距的热像仪在 10m 的距离上可以对长宽各大于 2cm（直径约 3cm）发热目标清晰成像并准确测温。观测距离越远，最小目标尺寸越大，在不考虑大气衰减的情况下为等比例变化。

通过 50mm 焦距镜头与 25mm 焦距镜头对比，发现 50mm 焦距镜头在显示画面细节方面优势明显，更加适合用于远距离探测，有利于保证无人机飞行安全，但其成本较高、价格贵。

（7）帧频。图像帧频一般以赫兹表示，指每秒钟更新图像的速率。如 30Hz 的红外成像设备是指 1s 内可以产生 30 幅连续的图像。针对快速移动的物体进行红外侦测时，尽可能地选择高帧频的热像仪，这样能更准确地捕获温度的瞬时变化并在无人机飞行过程中清晰地拍摄。

9.1.3　系统架构

1. 系统整体架构

变电站无人机智慧型辅助系统主要包括三维模型建立、无人机航线规划系统、智能调度平台、视频直播系统、无人机智慧机库、RTK 高精度定位无人机、调度服务器以及缺陷分析软件，总体技术架构如图 9-12 所示。

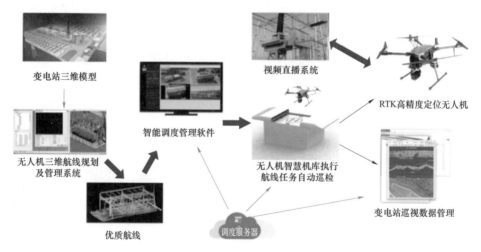

图 9-12　变电站无人机智慧型辅助系统总体技术架构图

基于智慧机库的无人机智能巡检系统，通过采集变电站高精度激光点云数据并建立三维模型，基于点云模型利用三维航线规划软件进行巡检航线自主规划。将巡检航线上传至管控平台，平台根据航线通过任务制定，远程向机库下发巡检任务，机库解析任务指令，将协调机库各机构动作为无人机起飞准备条件，同时向无人机发送任务指令，无人机接收到机库传送的任务指令，在适飞条件下自动起飞，按既定的巡检路线完成飞巡作业任务。无人机在作业过程中，平台能实时监测无人机飞行及机库的运行状态，并实时查看无人机回传的现场作业图传视频，对巡检作业进行实时监控。待巡检任务完成后，无人机将自动返回智慧机库，实现精准降落，并自动将巡检成果数据上传至智能管控平台，实现统一规范化数据管理。

2. 无人机飞行平台

由于变电站具有设备结构复杂、分布密集、电磁强度高等特点，无人机飞控系统易受到电磁干扰，产生碰撞事故，危及电网运行安全。针对变电站特殊工况环境，通常采用绝缘机身、抗电磁干扰、自主避障及高精度 RTK 定位的小型多旋翼无人机，进行常规巡检时通常携带高清变焦相机，进行红外巡检时通常携带红外热成像相机。

图 9-13 是市面上一款常用于变电站巡检的小型无人机，机体为折叠式的机臂设计，可快速收容和便携背负；为保证同时具备高强度、轻量化和防雨性等特性，采用碳纤维板作为机身主体；地面站实现一键航线规划，进行自主飞行任务并支持地面站引导飞行；采用高密度锂电池，搭配高效率的动力系统，空载续航时间可达 50min；所携带的高精度 RTK 模块，可实现厘米级定位；同时携带的高精度避障模块可以保证在变电站复杂环境中的安全飞行；同一飞行平台可以带载多款任务载荷（如高清变焦相机、红外热成像高清相机、可见光/红外双光相机等），并通过标准接口快速更换，全面满足变电站巡检的多功能多任务需求。该款机型可搭配无人机智能机库，用于变电站巡检，可全面提升变电站巡视效率和安全性。

图 9-13 小型多旋翼无人机 I

图 9-14 是另一款小型多旋翼无人机，其同样拥有 RTK 模块且便携可折叠，适用于变电站应用。该无人机集成避障技术，配合 RTK 能够实现厘米级定位，为空中智能作业提供高精度、便携、清晰的全方位解决方案。无人机续航时间

长达 38min，飞行速度可达 20m/s，同时拥有 9km 的超长图传距离，巡视效率高。

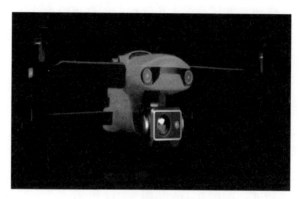

图 9-14　小型多旋翼无人机 Ⅱ

3. 无人机智慧机库

无人机智慧机库为无人机提供起降场地、存放、充电、数据传输等条件，可为多旋翼无人机创造全天候恒温恒湿的存放空间，采用先进的降落引导系统、抓取机构和机械爪系统，实现变电站自动巡检无人机的精准降落、快速电池更换以及自动充电。同时，具有独立的环境监测系统能够自动判断适飞条件，保障巡检的安全性。无人机起降机库如图 9-15 所示。

图 9-15　无人机起降机库现场部署图

（1）为无人机创造全天候恒温湿的存放空间。无人机智慧机库内置空调系统，自动调节无人机机库内的温度、湿度等，为无人机创造恒温恒湿的存放空间，保证无人机具有良好的存储环境，延长无人机使用寿命。

（2）先进的精准降落引导系统、抓取机构和基于机械手臂的电池更换系统。采用精密机械手臂，自动进行无人机的电池抓取及更换，实现无人机电池自动更换及充电。利用 GPS 及 AR-tag 视觉辅助定位系统，无人机可进行精准定位降落和精准回巢。

（3）独立的环境监测系统自动判断适飞条件。架设气象站进行周围环境监测，自动判断巡检环境是否适合无人机飞行，保证巡检安全。

（4）支持巡检数据的自动回传。利用 4G/5G 网络，进行巡检数据高速自动回传，数据自动存储至调度服务器，运维人员可通过调度管理平台进行数据查看、管理及分析。

（5）兼容开放 SDK 的多种无人机机型。无人机智慧机库可兼容开放 SDK 的多种无人机机型。

4. 无人机巡检系统

无人机巡检系统可实现全面巡视、定制巡视、红外测温、安防功能、消防功能、现场管控等功能，如图 9-16 和图 9-17 所示。

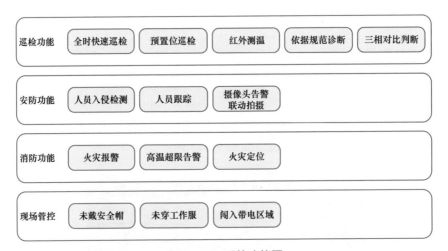

图 9-16　系统功能图

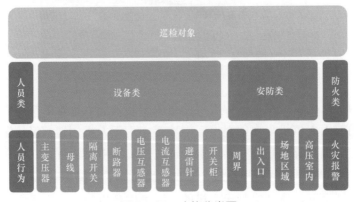

图 9-17　功能分类图

（1）全面巡视。全面巡视分为快速扫描与逐位检查两种方式。

由于系统采用像方扫描及积分稳像技术，可以保证系统在高于 60°/s 转动速度下清晰成像，可以在 2min 内完成全监控区域的快速扫描。

无人机按照基于激光点云规划的航线逐位对设备进行全面检查。

（2）定制巡视。根据工作实际任务定制无人机巡视预置航线，快速扫描或前往重点关注的区域或设备，直观展示巡检仪当前巡检设备的实时图像、红外图像及温度，提供相关异常告警信息，以地图方式显示无人机当前状态、位置和巡检路线，并在地图中显示被巡检设备的状态监测数据信息。

（3）红外测温。无人机装配红外测温负载云台，支持红外点、线、面的区域测温功能，支持设备前端多区域测温、多区域参数告警设置及多区域高低温光标自动追踪。

可以根据 DL/T 664—2008《带电设备红外诊断应用规范》对发热设备缺陷进行智能诊断。按照 DL/T 664—2016《带电设备红外诊断技术应用规范》对红外缺陷诊断的要求，每张图片需要依靠人工进行细致的设备部件分区框选，缺陷分析工作对人员专业水平要求也较高。相比而言，在线式红外测温具有分辨率高、数据实时、便于归集等优势，同时随着国家电网公司加强了对红外图像分析诊断应用的要求，在线式热成像测温的特点更加有利于红外图像分析诊断的应用，实用化程度进一步提升。

系统能够可以绘制环境温度、三相温度等数据随时间变化的曲线，并根据曲线数值进行三相对比诊断，绘制曲线和现场效果图如图 9-18～图 9-20 所示。

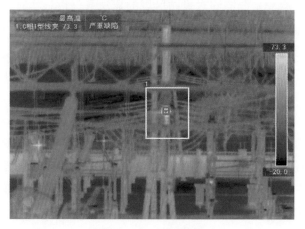

图 9-18　测温图像

设备温度: ，记录时间:

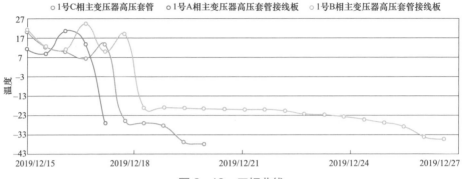

图 9-19　三相曲线

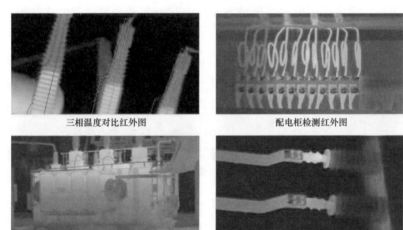

| 三相温度对比红外图 | 配电柜检测红外图 |

图 9-20　现场效果图

（4）安防功能。系统能够对设防区域的非法入侵进行实时、可靠的复核和报警。通过多谱段视频监控技术对变电站进行全天监控，对入侵目标进行智能报警。固定点位装置对进入变电站场区的人员识别报警后，自动指派无人机实时跟踪目标的行动轨迹，采用声音、光照等方式进行提醒，阻止人员进入变电站设防区域。

（5）消防功能。系统多个摄像头并行扫描巡检，每 3min 扫描一次覆盖区域，可以对变电站内发生的火灾进行报警和定位，根据摄像头的光轴指向定位火灾、人员入侵的位置。测温精度范围可达到±2℃，可以对设备表面温度分布进行测量，通过分析表面温场热分布的改变检测变电站内部温度场的变化情况，从而判断是否有火灾情况的发生。

（6）现场管控。将摄像头定位到场内作业区域，可以识别未戴安全帽、未穿工作服和闯入带电区域的人员并进行告警。现场管控如图 9-21 所示。

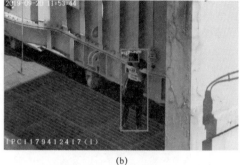

(a)   (b)

图9-21 现场管控

5. 无人机通信系统

无人机智能调度管理平台部署于服务器中，通过 4G/5G 网络或光纤实现管理人员对无人机智慧机库的指令下达及远程监控，无人机通过 5.8G 或 2.4GHz 频道与机库实现通信连接，同时无人机智慧机库配备定向增益天线，进行信号定向增强，实现无人机巡检画面通过无人机智慧机库网络链路实时回传至无人机智能调度管理平台，无人机巡检数据在无人机降落于无人机智慧机库后，通过 4G/5G、光纤高速回传至无人机智能调度管理平台，如图 9-22 所示。

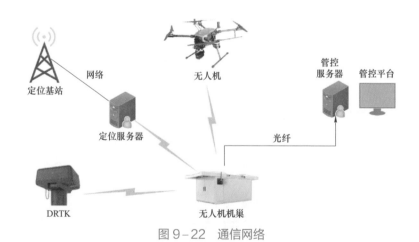

图9-22 通信网络

6. 无人机智能管控

无人机管控平台主要包括无人机三维航线规划管理、无人机智能调度、变电站巡视数据智能管理三部分。

无人机三维航线规划管理主要是在变电站三维模型中根据监测目标选择无

人机的监控点位，按照无人机拟飞行的点位规划无人机飞行路线，同时系统模拟无人机的飞行路线，判断飞行路线是否安全。

无人机智能调度主要是对无人机状态数据和现场气象环境进行实时监测，结合历史天气数据信息，通过管控平台综合智能分析气象条件、无人机状态、机库状态是否能够满足无人机安全飞行，如果不满足系统自动拒绝执行飞行巡检任务，直至条件满足，如图9-23所示。

图9-23　无人机智能调度

变电站巡视数据智能管理主要是多光谱监测通过实时分析无人机回传的现场作业可见光和红外视频，对巡检作业进行多光谱实时智能监控，如图9-24所示。

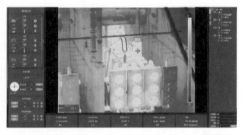

图9-24　实时可见光、红外多光谱分析

智能缺陷分析：对变电站存在的设备缺陷进行深度学习，建立设备缺陷库，从而对无人机巡检视频进行人工智能分析，对存在的设备缺陷进行实时检测，如图9-25和图9-26所示。

安全帽监测

异物识别

图 9-25　可见光缺陷检测

将军帽异常

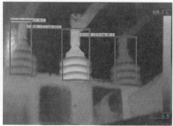

接触不良

低压套管异常

图 9-26　红外缺陷检测

当智能管控后台发现无人机拍摄照片被遮挡或者成像不清晰时，系统智能通知无人机调整机位、摄像头、焦距等，确保无人机巡检数据采集精准，如图 9-27 所示。

图 9-27　图像不清晰自动调焦重拍

无人机返回智慧机库，管控平台自动对接无人机，接收无人机巡检成果数据，进行统一规范化数据管理；通过人工智能对巡检成果数据进行二次智能分析，生成变电站设备巡检报告，发现安全隐患系统自动发出声光报警，通过 App 或者短信的方式告知相关人员进行处理，直至安全隐患确认处理完成。

9.2 设备性能指标

9.2.1 无人机性能指标

根据变电站现场环境结合无人机巡检要求，提出无人机性能指标要求，见表 9-2。

表 9-2　　　　　　　无 人 机 性 能 指 标

序号	项目	技术参数
1	飞行器	
1.1	最大起飞海拔高度	≥6000m
1.2	最大上升速度	自动飞行：≥6m/s，手动操控：≥8m/s
1.3	最大下降速度	≤4m/s
1.4	最大水平飞行速度	定位模式：≥50km/h，姿态模式：≥60 km/h
1.5	最大可倾斜角度	定位模式：≥25°，姿态模式：≥35°
1.6	最大旋转角速度	姿态模式：≥150（°）/s
1.7	抗风等级	不低于 6 级
1.8	飞行时间	不低于 30min
1.9	工作环境温度	包含但不限于：0～40℃
1.10	悬停精度	指标不低于： （1）启用 RTK 且 RTK 正常工作时： 垂直为±0.1m，水平为±0.1m。 （2）未启用 RTK： 垂直为±0.02m（视觉定位正常工作时）、±0.2m（GNSS 定位正常工作时） 水平为±0.05m（视觉定位正常工作时）、±0.5m（GNSS 定位正常工作时）
2	视觉系统	
2.1	速度测量范围	指标不低于：① 前向/后向有效感测速度：>10m/s；② 上下有效感测速度：4m/s；③ 左右有效感测速度：>8m/s
2.2	高度测量范围	包含但不限于：0.5～22m
2.3	精确悬停范围	包含但不限于：0～10m
2.4	障碍物感知范围	指标不低于：① 前向感知：0.5～40m；② 后向感知 0.5～32m；③ 左右感知：0.5～24m

续表

序号	项目	技术参数
2.5	视场角	指标不低于：① 前/后：水平 60°，垂直±27°；② 下视：前后 70°，左右 50°
3	GNSS	
3.1	单频高灵敏度	包含以下但不限于：GPS、BeiDou、Galileo、GLONASS
3.2	多频多系统高精度 RTK GNSS	不低于以下性能： （1）使用频点： GPS 为 L1/L2；GLONASS 为 L1/L2；BeiDou 为 B1/B2；Galileo*为 E1/E5 （2）首次定位时间：<50s； 定位精度：垂直 1.5cm＋1ppm（RMS）； 水平 1cm＋1ppm（RMS） 1ppm 是指飞行器每移动 1km 误差增加 1mm
4	云台	
4.1	稳定系统	包含但不限于：3－轴（俯仰、横滚、偏航）
4.2	可控转动范围	包含但不限于：俯仰：−90°～＋30°
4.3	最大控制转速	不低于：300°/s
4.4	角度抖动量	不低于：±0.005°
5	红外感知系统	
5.1	障碍物感知范围	包含但不限于：0.2～7m
5.2	视场角	不低于以下：水平 70°；垂直±10°
5.3	测量频率	不低于 10Hz

9.2.2 可见光成像技术性能指标

根据变电站无人机巡检要求，提出可见光成像性能指标，见表 9－3。

表 9－3 可见光成像性能指标

序号	项目	技术参数
1.1	像素	不低于 2000 万
1.2	ISO 范围	不低于以下性能： （1）视频：100～3200（自动）100～6400（手动）； （2）照片：100～3200（自动）100～12 800（手动）
1.3	机械快门	不低于 8～1/2000s
1.4	电子快门	不低于 8～1/8000s

序号	项目	技术参数
1.5	照片最大分辨率	包含以下宽高比但不限于，并且像素不低于以下： （1）4:3 宽高比：4864×3648 （2）3:2 宽高比：5472×3648
1.6	录像分辨率	包含以下但不限于： H.264；4K：3840×2160 30p
1.7	视频最大码流	不低于 100Mbps
1.8	照片格式	包含但不限于：JPEG 格式
1.9	视频格式	包含但不限于：MOV 格式
1.10	工作环境温度	包括但不限于：−20～+40℃，≤95%RH，无冷凝
1.11	信号最大有效距离	不低于以下性能： FCC 为 7km；SRRC/CE/MIC/KCC 为 5km（无干扰、无遮挡）

9.2.3 红外测温成像技术性能指标

根据变电站无人机巡检要求，提出红外测温成像性能指标，见表 9−4。

表 9−4 红外测温成像性能指标

序号	项目	技术参数
1.1	探测器类型	非制冷焦平面
1.2	图像分辨率	不低于：384×288px
1.3	像元间距	不大于：17μm
1.4	波长范围	8～12μm
1.5	采样频率	≥25Hz
1.6	热灵敏度	≤35mk@25℃
1.7	调焦方式	具备自动对焦
1.8	测温范围	包含但不限于：−40～+180℃
1.9	测温工作距离	包括但不限于：3～80m
1.10	测温精度	不高于：±2℃或±2%
1.11	照片格式	包含但不限于：JPEG 格式
1.12	工作环境温度	包括但不限于：−40～+60℃，≤95%RH，无冷凝
1.13	防护等级	不低于：IP66
1.14	缺陷检测	包含但不限于：高温检测、油枕液位检测、设备故障检测、渗漏油检测、违规着装检测、作业区检测、穿戴安全检测等

9.2.4　无人机管控平台性能指标

根据变电站无人机巡检管理要求，提出无人机管控平台性能指标要求，见表 9-5。

表 9-5　　　　　　　　　　　无人机管控平台性能指标

序号	项目	技术参数
1.1	权限管理	支持不少于 3 级用户管理权限，权限可配置
1.2	气象监测	支持现场气象参数监测功能
1.3	数据传输	支持图片、音频、视频、文档资源传输
1.4	视频直播	支持远程实时视频画面的查看、无人机状态信息实时显示
1.5	机库管理	支持智慧机库远程状态监控、控制管理与数据通信
1.6	任务下发	支持远程对无人机下发巡检任务
1.7	声光报警	支持分析巡检信号智能识别变电站设备缺陷，并声光报警
1.8	统计分析	支持巡检任务执行情况综合统计分析
1.9	三维航线规划	支持变电站三维建模、无人机航线规划、模拟飞行

9.3　系统比对分析

变电站无人机巡检系统当前主要有手动控制巡检、手动示教巡检和智慧机库巡检三种方式。

（1）手动控制巡检：每次巡检都需要熟练飞手到变电站现场操作无人机进行巡检，无法远程操作；无人机飞行状态、电池电量需要飞手实时关注，人员要求高；巡检过程没有自主识别能力，智能化程度低；不支持重复巡检，自动化程度低；巡检设备变化后主要靠人工改变飞行路线进行适应，环境适应性差；数据依靠人工导入到系统后台，数据回传效率低；电池管理和设备维保主要依靠人工管理，效率低。

（2）手动示教巡检：首次巡检需要熟练飞手到现场进行无人机巡检示教飞行，无法远程操作；无人机自动记录飞行路线，实现巡检航线反复使用，自动化程度较高；无人机飞行状态、电池电量需要操作人员实时关注，人员要求高；巡检过程没有自主识别能力，智能化程度低；巡检设备发生变化后，需要飞手重新示教，环境适应性较差；数据依靠人工导入到系统后台，数据回传效率低；

电池管理和设备维保主要依靠人工管理，效率低。

（3）智慧机库巡检：对变电站进行三维建模，同时在变电站部署智慧机库，远程下达巡检指令，无需人员参与即可远程操作巡检；系统后台实时监测无人机的飞行状态、电池电量等参数信息，控制无人机飞行，不需要人工参与监测；巡检过程中，无人机自主识别检测目标，调整机位，提升检测效果；设备位置变化后，系统自动适应变化需求，调整飞行路线，环境适应性强；数据信息通过图传到无人机库，直接回传后台管控系统，回传效率高；电池管理和设备维保主要依靠智慧机库管理，效率高。

基于三种无人机巡检系统的特点进行综合分析比对，结果见表9-6。

表9-6　　　　　　　　　无人机巡检系统分析比对

项目	手动控制巡检	手动示教巡检	智慧机库巡检
人员要求	高	高	低
智能化	低	低	高
自动化程度	低	较高	高
设备变化适应性	较强	弱	强
数据回传效率	低	低	高
远程操作	不支持	不支持	支持
电池管理	人工	人工	自动
设备维保	人工	人工	自动

9.4　系统发展趋势

与人工智能、机器学习、计算机视觉、边缘计算、大数据分析、5G通信、北斗导航、高能量密度电池、智能机库等软硬件技术相结合，实现无人机高度智能化自主化巡检，是未来变电站无人机智能巡检的发展方向。

9.4.1　识别智慧化

随着变电站无人机巡检应用的推广、使用案例的增多和图库数据的指数级增长，基于人工智能、机器学习和计算机视觉等技术的智能识别，如缺陷、安全隐患识别的精度将逐步提升，并逐步减少人工干预和复核工作量。随着无人机机载计算机和边缘计算技术的发展，传统图像和视频回传至后台再进行计算、识别和分析的工作将部分在前端完成，提升了无人机采集数据的质量，使无人机在飞行过程中实时收集、分析数据，自动执行操作和作业指令。

9.4.2　巡检无人化

手动巡检和人工示教都需要有经验的飞手在变电站现场对无人机进行操控，智慧机库是变电站智能化巡检未来的发展方向之一。现有的变电站无人机巡检存在一小时到几天不等的任务响应、设备准备和飞手到位的时间，而通过在变电站内部署无人智慧机库，可以实现无人机起落、充/换电、载荷更换和数据传输等功能，满足 24 小时待命的实时响应，实现无须飞手干预的巡检无人化，只需运维人员定期对机库和无人机进行维护保养即可。

9.4.3　导航精准化

随着北斗卫星导航系统的发展和成熟，导航系统的国产化替代或者是结合 GPS、GLONASS 的双模甚至三模导航方式将成为主流，无人机飞行将会具有更高的抗干扰性、精准性和安全性。

9.4.4　通信高速化

随着 5G 技术的大规模商用甚至未来 6G 技术的研发部署，4G 网络的延时问题将得到基本解决，变电站无人机巡检数据将更稳定、回传速度将更快，同时可以实现远程无延时控制巡检无人机，提升无人机通信效率。

9.4.5　后台智能化

无人机管控后台系统将越来越与前端的智能终端紧密结合，以辅助变电站巡检管理的智能化，如无人机平台与变电站无人机管理平台融合，使其可以实时展示、调用、对比分析无人机定位、图像、视频、模型等数据，同时无人机数据实时可以反馈到变电站运维管理后台。后台不断积累数据，实现大数据分析功能，如对无人机采集的设备多期数据进行对比，既能检测现有缺陷，又可以对设备劳损和失效等进行预测，真正实现大数据智能化分析。

9.4.6　续航长时化

智慧机库的充电或者换电方案将部分解决无人机作业的续航问题，但在单次出舱作业过程中却依旧受锂电池技术的制约，市场主流机型的单次作业续航时间从十几分钟到半小时不等。随着变电站无人机巡检的广泛使用，续航时间严重制约巡检效率。与目前无人机上广泛使用的锂离子电池和锂离子聚合物电池相比，使用固体电极和固体电解质的新一代固态锂电池续航时间可提升 3 倍，续航时间有望达到 2h。

第 **10** 章

变电站智慧型辅助系统
全面监控平台

10.1 平台概述

10.1.1 变电站辅助系统监控系统现状

变电站辅助监控系统包括安防子系统、动环子系统、火灾消防子系统、视频子系统、在线监测子系统、变电站机器人巡检子系统、无人机巡检子系统等，如图 10-1 所示。各子系统通过平台集成于一体，通过电力专网与地区级主站平台、省级主站平台等互联互通。

10.1.2 数字孪生智慧型辅助控制全面监控系统

打造一站式数字孪生管控系统，为辅控系统全面监控平台提供核心技术底层。通过"3 平台 + 1 中心"的建设方案，实现变电运维全面状态可视化、数据分析智慧化、生产指挥集约化。"3 平台 + 1 中心"是智慧型辅控系统全面监控平台数字孪生系统总体建设方案的基石，孪生系统搭建可视化平台、智能数据平台和业务联动平台，通过智能管控中心对全局进行管控，如图 10-2 所示。

1. 可视化平台

建立可视化平台，用于集中展示所有三维模型信息、数据信息、环境信息以及人员信息，包括设备数模、建筑外形与室内、周边地形、人员动态、天气、时间等。通过图形处理技术，进行海量图形的计算、加工、存储、转出，执行多边渲染，以三维图形处理为主的可视化中心平台。采用先进的虚幻 4 渲染引擎进行运算，内置高性能三维图形处理显卡，具有飞速运算和图像真实的特质，为系统提供高质效的图像处理服务，作为孪生系统的标准模型库和图形处理中心。

（1）虚拟还原。利用电网信息模型（Grid Information Model，GIM）高仿真建模还原，结合高性能、强兼容的三维引擎，实时渲染构建一个与真实世界外观一致、坐标一致、属性一致的孪生变电站三维场景。

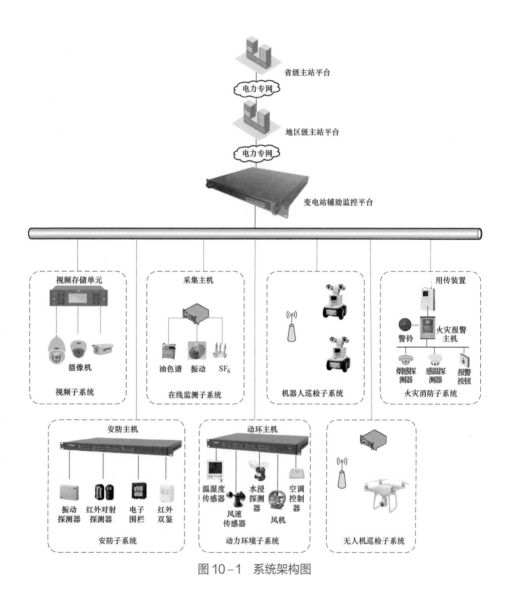

图 10-1　系统架构图

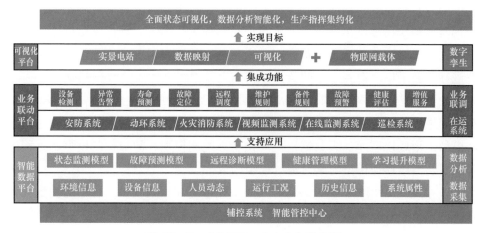

图 10-2　"3 平台+1 中心"结构图

（2）数模结合。提供灵活的系统接口，通过数据中台接入各类生产业务数据，进行清洗、融合，形成带有业务信息的结构化时序数据，多维度感知、分析电气设备健康状况，并实时联动更新，智慧协同，以直观的三维可视化方式实现变电站生产运行全景化。

（3）AR 增强现实。利用 AR 增强现实技术将变电站全专业设备的多维度信息集于一体化展示，以模型为基底承载多维度数据，并支持设备拆解图查看，直观易懂，一目了然，大大降低运维班组人员专业门槛，可进行设备知识讲解与模拟演练。

2. 智能数据平台

建立智能数据平台，采集全专业数据汇聚于平台，形成大数据，通过对大数据进行提取、清洗、聚合构成结构化大数据模型，如图 10-3 所示。

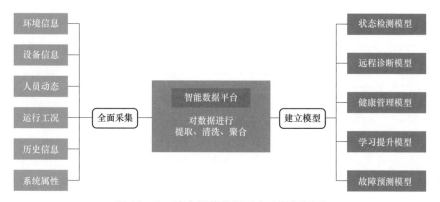

图 10-3　建立智能数据平台大数据模型

（1）数据采集。针对不同的应用场景和采集需求，统筹数据采集体系建设。广泛部署具有精准感知能力、多样通信能力、边缘计算能力的传感器、仪表、采集器等感知设施。集电量、非电量信息形成大范围、大规模、协同化的数据采集系统，对环境数据、设备数据、人员动态、运行工况、历史信息、系统属性进行全面采集，得到全专业数据，作为大数据模型建立的数据基础。

（2）模型建立。将采集的电站全专业数据通过物联网上传至智能数据平台，对数据进行智能分析，检测、清洗、辨识、修复、集成与融合得到结构化大数据模型，形成模型库。大数据模型库由状态检测模型、故障预测模型、远程诊断模型、健康管理模型与学习提升模型构成。

1）状态检测模型：对设备运行历史数据信息和影响设备运行的历史数据信息包括设备损耗信息、环境数据信息等进行收录统计，建立设备状态检测模型库。

2）故障预测模型：对设备运行中出现故障的数据信息和当时设备的数据信息包括设备损耗信息、环境数据信息等进行收录统计，建立设备故障预测模型库。

3）远程诊断模型：当变电站设备出现故障、作业人员无法解决时，将设备故障类别以及表现出的故障状态自动推送至专家系统，并由平台专家进行分析处理，将结果返回作业层，将每次故障解决方案进行汇集、结构化整理，建立远程诊断模型库。

4）健康管理模型：对作业人员身体状况信息进行收录统计，建立人员健康管理模型；对设备全生命周期的运维数据进行统计，建立设备健康管理模型。

5）学习提升模型：实时更新大数据模型库，对于状态检测模型、故障预测模型、远程诊断模型、健康管理模型的变化实时更新，保障大数据有效，提升大数据模型可用性。

3. 业务联动平台

业务联动平台整合各子系统业务入口，规划全面业务流程。

（1）业务整合：接入安防系统、动环系统、火灾消防系统、视频监测系统、在线监测系统、巡检系统，对各子系统有机整合，解决系统分散的问题。

（2）业务联动：系统规划设计出全面业务的一站式闭环流程操作，即自动预警发现问题，首先对问题进行验证，然后规划处理方案，最后组织维修或抢修，如图10-4所示。

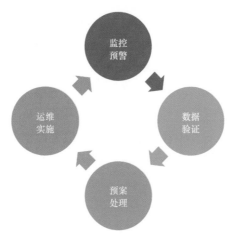

图 10-4　业务联动闭环

1）监控预警：系统设置实时警告功能，通过先进传感器全面感知设备异常，发现异常时系统会自动预警，自动定位异常设备位置，显示异常信息。

2）数据验证：系统链接多样化监测终端，自动预警发现异常后，可在系统中调取视频监控或者控制智能机器人/无人机至异常位置，查看现场设备的具体情况，并确定问题是否属实。若验证问题属实，在系统中进行预案处理；若验证为虚假告警，派发业务对该设备组传感器进行检查并维护。

3）预案处理：在系统设置预案处理功能模块，一旦设备异常验证属实，对异常状况做出维修或抢修处理。若问题较严重，直接通知应急小组进行抢修；若问题较轻，暂时不会影响电站正常运行时可短信通知员工进行维护；若遇到无法处理的情况，系统通过与智能数据平台对接，直接获取问题解决方案；此外系统可与智能门禁设备链接，直接控制门禁开关，方便抢修作业相关人员进出。

4）运维实施：系统以视频监控配合 AR 现实增强多维度信息呈现，当设备异常需要维修或抢修时，指挥者通过得知设备铭板、缺陷、采购、巡检、安装、维护、隐患、告警、实时状态信息与设备周围三维立体化信息在线指挥操作人员作业。

4. 智能管控中心

智能管控中心分为三级，包括站级管控中心、地市级管控中心和省级管控中心。

（1）站级管控中心。站级管控中心执行地市省级管控中心智能决策，通过孪生系统对该电站内设备、人员、作业进行统一管控。主要负责该电站运检工作，包括设备管理、人员管理、设备巡检、设备维护/抢修和指挥作业等。

（2）地市级管控中心。地市管控中心对辖区内各电站运检进行宏观统筹规划和决策下达。通过数字大屏显示辖区内各电站实时动态情况，对整体和各电站实时动态情况进行监督，并对整体和各电站的运维历史状态信息收录统计，用于决策下达。

（3）省级管控中心。省级管控中心各地市级管控中心平台进行宏观统筹规划和决策下达。通过数字大屏显示辖区市级运维中心变电站实时动态情况，对省级电网状态进行智能分析和决策。

10.2　建设内容

10.2.1　建设原则

（1）规范路线，统一架构。遵循统一技术路线，坚持统一数据和技术架构，确保数字孪生应用标准化建设和个性化扩展。

（2）强化安全，兼顾效率。坚持以信息安全为前提，从应用、平台、网络、终端等层次构建安全应用防护体系，保障相关应用的安全、可靠和稳定运行。

（3）专业集成，业务联动。集成变电站各专业系统，打破业务壁垒，实现业务联动。

（4）高度可视，情景应用。集中展示全专业的业务信息和模型信息，情景化地显示变电站业务流程。

（5）数据汇集，智能运用。采集全专业的设备信息，构建大数据模型用于智能分析。

10.2.2　核心技术

1. 数字孪生底层

变电站智慧型辅助系统全面监控平台采用数字孪生技术作为核心技术底层，通过引入数字孪生标准体系，建立智慧变电站信息化标准体系，数字孪生标准体系包含基础共性标准、关键技术标准、工具/平台标准、测评标准、安全标准、行业应用标准，如图 10-5 所示。

（1）数字孪生基础共性标准：包括术语标准、架构标准、适用准则三部分，关注数字孪生的概念定义、参考框架、适用条件与要求，为整个标准体系提供支撑作用。

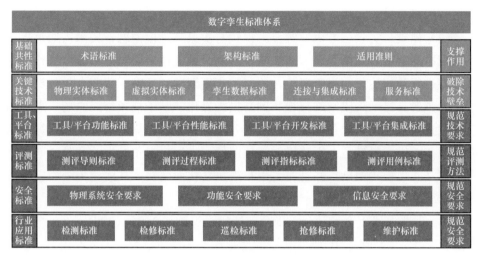

图 10-5　数字孪生标准体系

（2）数字孪生关键技术标准：包括物理实体标准、虚拟实体标准、孪生数据标准、连接与集成标准、服务标准五部分，用于规范数字孪生关键技术的研究与实施，保证数字孪生实施中的关键技术的有效性，破除协作开发和模块互换性的技术壁垒。

（3）数字孪生工具/平台标准：包括工具标准和平台标准两部分，用于规范软硬件工具/平台的功能、性能、开发、集成等技术要求。

（4）数字孪生测评标准：包括测评导则、测评过程标准、测评指标标准、测评用例标准四部分，用于规范数字孪生体系的测试要求与评价方法。

（5）数字孪生安全标准：包括物理系统安全要求、功能安全要求、信息安全要求三部分，用于规范数字孪生体系中的人员安全操作、各类信息的安全存储、管理与使用等技术要求。

（6）数字孪生行业应用标准：考虑数字孪生在不同行业/领域、不同场景应用的技术差异性，在基础共性标准、关键技术标准、工具/平台标准、测评标准、安全标准的基础上，对数字孪生在具体行业应用的落地进行规范。

2. 视频融合应用

视频融合技术可以将摄像头实时画面投射到三维实景模型或者 VR 全景上，并可将相邻的画面进行拼接融合，拼接后形成一幅更大分辨率的画面，这种融合不会随着对三维模型的倾斜、旋转等操作而产生变形或者错位。

（1）视频接入能力。支持接入符合 RTSP 协议的视频流，实时视频在三维场景中的渲染速度可以达到不超过 1s，支持 16 路视频设备同时融合进行展示，支持主流摄像机、NVR 视频格式。

（2）视频与实景三维模型融合。视频与实景三维模型融合技术需通过后台视频配准和前端视频融合显示两个流程实现。预处理阶段对视频数据进行预处理，并进行几何校正、噪声消除、色彩和亮度调整、配准、裁剪有效区域等；前端视频融合显示阶段则进行视频融合投影操作，基于视频与三维场景之间的空间位置关系、用户视角、相机视角，并根据透视投影算法进行投影计算，从而实现在三维实景模型上无缝投射视频图像。当用户视角发生改变时，通过特有的算法实现视频渲染，并且随着用户视角变化而变化，从而避免画面出现畸变的情况。

（3）视频与 VR 全景融合。平台支持实时视频与 360°（720°）VR 全景无缝融合，可实现在接近 100%真实度的虚拟现实场景中融合动态视频内容，可以得到接近真实的虚拟现实监控体验。平台中视频与全景模型融合技术同样经过后台视频配准和前端视频融合显示两个流程实现。

3. 人工智能应用

人工智能的应用是基于智能数据平台，对环境数据、设备数据、运行工况等全专业数据进行采集后，针对具体应用场景，构建状态检测模型和故障预测模型。基于模型对现场采集的数据进行智能分析，与业务联动中心进行联动，对接视频监测系统、在线监测系统、巡检系统。发现异常时系统会自动预警，自动定位异常设备位置，保障监控预警的实时性和高效性，实现智能管控。

基于深度学习的计算机视觉技术日趋成熟，计算机视觉技术已在电力巡检领域进行了大量探索，通过适配不同客户的场景需求，运用 AI 变电站巡检作业赋能，业内已建立起行业级解决方案，如图 10－6 所示。

图 10－6　深度学习赋能变电站智能巡检方案架构

10.2.3　主要功能

1. 全面状态可视化

（1）设备可视化。根据变电站设备 GIM 模型创建实体设备的孪生体，孪生体设备集基础信息、业务信息、运维信息于一体化呈现，如图 10-7 所示。

图 10-7　设备可视化呈现

（2）建筑可视化。根据变电站建筑 GIM 模型创建建筑孪生体，真实还原建筑外形与内部结构，包括建筑、结构、设施、设备、系统等，如图 10-8 所示。

图 10-8　建筑内外可视化呈现

（3）场地地形可视化。根据变电站场地 GIM 模型、CAD 图纸以及 GIS 信息创建电站三维地形，系统真实还原变电站场地，包括场内道路、设备区、门区、围墙、围栏、绿化带等，如图 10-9 所示。

图 10-9　场地可视化呈现

（4）周边地理可视化。根据电站周边 GIS 信息创建三维周边地理环境，系统真实还原电站周边信息，包括周边地形、输电杆塔、道路、建筑、植被与河流等，如图 10-10 所示。

图 10-10　周边地理可视化呈现

（5）天气状态可视化。与气象局天气信息实时关联，将真实天气状况映射至系统，系统根据实时天气呈现阴、晴、雨、雪、雾、霾等天气环境不同程度的自然状态，并可自由模拟观看，如图 10-11 所示。

（6）时间状态可视化。与网络时间实时关联，将真实时间状况映射至系统，系统根据现实时间呈现黑夜白天环境不同程度的自然状态，并可自由模拟观看，如图 10-12 所示。

图 10-11　天气状态可视化呈现

图 10-12　时间状态可视化呈现

（7）人员动态可视化。根据资产编码、人员信息等字段，或者对接 RFID 等定位系统对变电站内人员进行空间搜索并定位，生成人员运动轨迹，动态观测人员在变电站内的操作过程，如图 10-13 所示。

图 10-13　人员动态可视化呈现

2. 数据分析智能化

全面感知电站全专业数据，对数据进行大数据智能分析，实现对全专业设备的智能监测、管理和维修。

（1）全面感知。结合物联网、智能终端与先进传感器，实现感知信息多样化协同采集，通过统一采集汇聚，实现动态数据整合与共享，形成全站覆盖、三维立体的全面数据采集布局，对各子系统数据进行全专业采集，就地分析、就地处理，并优化结果、上传交互，得到精确的设备状态信息、环境状态信息和周边界控信息，如图 10-14 所示。

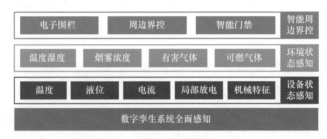

图 10-14 全面感知数据信息

（2）智能分析。大数据模型通过全专业数据与对应模型的提炼挖掘、比对分析，发现各系统各终端的监测数据、业务流程和工单数据之间有效的链接关系，不同业务的执行决策、冲突、反馈、修正过程中的关键元数据，多维度认识变电系统特征，实现设备监测、异常告警、寿命预测、远程调度、维修规则、故障预警，以及人员和设备的健康评估功能，如图 10-15 所示。

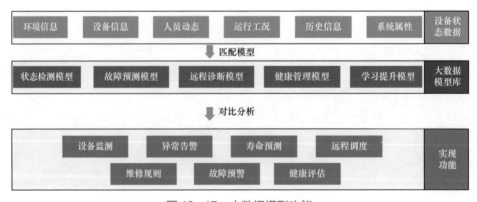

图 10-15 大数据模型功能

1）设备监测：将设备各项实时状态数据与对应的状态检测模型进行比对，可以发现设备异常状态。

2）异常告警：当设备状态检查出现异常状况时，系统得到状态检测模型反馈，及时告警。

3）故障预警：将设备运行数据与大数据故障预测模型进行比对，实现对全专业设备可能会发生的故障精准预测。

4）维修规则：远程诊断模型不断汇集各类设备问题及解决方案，形成一套行之有效的维修规则，当某设备出现故障时，系统将自动推送维修方案，快速、高效处理设备故障。

5）设备寿命预测：将设备运行数据、使用时间、损耗、维护等信息与设备健康管理模型进行对比，对设备寿命做出大数据合理预测。

6）远程调度：统计各变电站全专业设备信息，通过大数据模型分析，得知各电站的理想设备型号，完成各电站设备调度利益最大化。

7）健康评估：通过与大数据设备健康管理模型进行比对，得出全专业设备目前的生命周期阶段，实现对设备的使用率的准确掌控。

3. 生产指挥集约化

一站式获取各子系统信息以及三维可视化信息，对各业务层人员发出统一高效指挥，加强业务联动，提升生产指挥质效。

（1）指挥信息集约。系统集中呈现设备多维度信息、环境地理信息、天气时间状态信息、人员动态信息，一站式获取全专业信息，给高效生产管理提供多样化信息支持，为优质决策指挥下达提供高质量参考。

（2）功能操作集约。整合各子系统业务入口，一站式对安防、动环、火灾消防、视频监控、在线监测、巡检功能进行控制操作，实现决策的迅速下达，提升生产指挥效率。

（3）远端指挥统一作业。系统以 AI 智能摄像技术、VR 虚拟现实以及 AR 现实增强技术为实现手段，指挥者远端获取变电站多维度信息，对各业务作业人员统一调配，明确分工，集中指挥作业，实现远程指挥多处作业、多方联动作业、高效高质作业和安全作业，如图 10－16 所示。

10.2.4　安全防护

系统须完全遵循国家电网公司信息安全防护总体框架体系，须满足 Q/GDW 1594—2014《国家电网公司管理信息系统安全防护技术要求》。系统应从物理、边界、应用、数据、主机、网络及终端等方面进行重点防护设计，基于国产密码算法等实现数据传输过程加密处理。

图 10-16　VR 结合 AR 虚拟现实指挥

1. 防护目标

（1）保障系统安全可靠运行，满足国家信息安全保护要求。

（2）确保系统数据安全可靠接入公司信息网络，保证系统数据不被篡改。

（3）保障系统与其他系统之间数据交互和存储的机密性、完整性和安全性，对数据访问进行严格的控制，防止越权或滥用。

（4）保障系统应用安全，杜绝仿冒用户、敏感信息泄露、非授权访问、病毒攻击等。

2. 防护措施

（1）物理安全：物理安全防护的主要目的是使服务器、网络设备、信息系统设备和存储介质免受物理环境损害、自然灾害以及人为的操作失误和恶意损害等。

（2）应用安全：从系统应用层面确保信息被安全地传输和使用，遵守身份认证、授权、输入输出验证、配置管理、会话管理、加密技术、参数操作、异常管理、日志与审计、应用交互安全等。

（3）数据安全：系统级敏感数据包含用户口令，业务级敏感数据从数据存储安全、数据传输安全和数据备份安全等方面进行数据安全防护。

（4）主机安全：主要包括操作系统安全和数据库安全防护方案。对服务器的操作系统进行安全防护，主要包括安全加固，设置相关安全策略、安装补丁以消除系统层面的安全漏洞，同时，按照权限最小原则设置系统权限，合理地设置系统用户。针对数据库故障、数据丢失损坏风险，主要在身份认证、访问控制、漏洞扫描、安全审计等方面加强了相应措施。

（5）网络安全：应用访问控制、通信保密、入侵检测、网络安全扫描、防病毒方面进行安全控制，遵循国家电网公司相关安全规范执行。

3. 数据脱敏

数据脱敏是指根据设定的数据脱敏策略，对业务数据中存在的敏感信息实施变形，以实现对数据中的敏感信息的隐藏。数据脱敏的内涵是，借助数据脱敏技术，屏蔽数据中敏感信息，达到被屏蔽的数据还保留其原始数据格式和属性的要求，以确保应用程序在对脱敏数据进行开发与测试的过程中正常运行。

平台的数据脱敏需要满足如下几个目标：

（1）需达到电监会、公安、审计等安全审计部门的要求。

（2）有效屏蔽敏感数据，能够对测试、开放数据进行漂白。

（3）能够对敏感、隐私数据进行有效监管。

变电站智慧型辅助系统全面监控平台具备专业化的数据脱敏工具，结合可视化平台、智能数据平台和业务联动平台，实现图形化、界面化、自动化的数据脱敏运维管理。通过智能管控中心实现隐私数据安全生命周期管理，全面提高智慧型辅助系统全面监控平台敏感数据的脱敏智慧程度。

变电站智慧型辅助系统全面监控平台的敏感数据保护总体逻辑架构从低至高分别为数据存储层、数据服务引擎层、业务引擎层、流程管理层、逻辑界面层和物理界面层。系统架构采用分层模式，各层分离设计，确保数据处理过程中的性能和容量可按需扩展，实现集群化处理，适应海量化隐私敏感数据的脱敏需求，支持各种业务和数据库的脱敏服务。同时，通过协议优化，以提高数据处理速度。在各层设计中，数据存储层主要面向元数据库和文件内容管理，可以对各个业务系统的数据进行分离式的对接；数据服务引擎层包括数据存取控制、数据格式转换、数据缓存、适配器控制，针对数据进行预处理，对数据脱敏进行加速；业务引擎层包括元数据控制、日志控制、归档处理引擎、脱敏处理引擎等，是整个脱敏系统的核心，负责对隐私敏感数据进行脱敏处理，脱敏规则可以进行插件化管理、应用，可根据实际脱敏需求进行更新；流程管理层主要包括归档模型定义、归档规则定义、归档模型列表、归档模型树，对脱敏后的数据进行按需归档；逻辑界面层包括动态界面生成、请求处理、个性化服务，是系统的用户接口，为用户提供便捷的使用接口。

10.3 新技术在变电站智慧型辅助系统全面监控平台应用

10.3.1 数字孪生

1. 数字孪生概念

数字孪生（Digital Twin）是一种超越现实的概念，它充分应用物理模型、业务状态、运行历史等数据，通过人工智能、数据传感、仿真技术，创建全息孪生世界并与物理世界映射。同时利用多学科、多物理量、多尺度、多概率的数模信息，是实现物理原子到数据比特的平行互动、精准映射、虚实迭代的过程和方法，如图 10-17 所示。

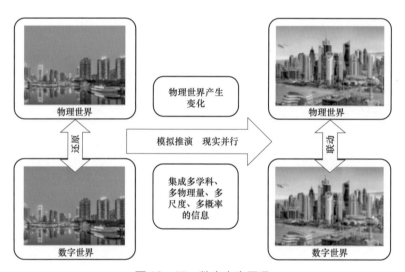

图 10-17 数字孪生原理

2. 数字孪生特征

（1）高保真性：数字孪生世界从本体构成、形态行为、运行规则等多维度、多角度、多属性对物理世界进行全息复制。

（2）可扩展性：数字孪生模型可根据数字孪生世界自我推演或者物理世界形态变化进行拆解、集成、复制、修改、删除等操作。

（3）互操作性：数字孪生模型与物理世界都具备标准接口和规范定义，不同数学模型之间、不同物理终端之间、数学模型与物理终端之间都可以进行信息交互。

3. 组成部分

数字孪生包括三个主要部分：数字孪生世界（空间）、物理世界（空间），以及实体物理实体和数字孪生模型之间的数据和信息交互通道，如图 10-18 所示。

图 10-18　数字孪生框架图

（1）数字孪生世界（空间）。完成对物理世界的全息复制和高保真建模，建立对象、模型以及数据集一体的孪生世界，实时动态反映物理实体行为状态，支持对物理实体多层次、多维度、多尺度、多物理场的仿真模拟。采用数据挖掘技术、知识学习系统从物理实体历史、实时数据中挖掘各种数模状态的结果衍生数据价值。

（2）物理世界（空间）。物理元素的互联和感知具有标准定义和接口，支持即插即用具有广域布置的传感器以及状态反馈点，能够高密度、宽频率地采集信息。接受数字世界的优化指令，改变物理元素组合模式、生产流程、资源匹配。

（3）交互通道。采用设计工具、仿真工具、物联网、虚拟现实等各种数字化的手段建立物理世界和数字孪生世界的实时联系和映射。通过传感器洞察和呈现物体的实时状态，同时将承载指令的数据通过标准接口回馈到物体，最终导致状态变化，形成闭环反馈。

（4）数字孪生运用领域。数字孪生正在广泛应用于城市管理、航空管理等众多领域，具有多维度的数据呈现和直观的三维可视，操作简单、浅显易懂、全专业可视，可实现便捷、高效的统筹管理，如图 10-19 所示。

图 10-19　数字孪生运用于城市管理

10.3.2　人工智能

1. 电力人工智能概念

电力人工智能是人工智能的相关理论、技术和方法与电力系统的物理规律、技术、知识融合形成的专用人工智能。数据驱动的人工智能技术是支撑新一代电力系统的重要手段。电力人工智能的国内应用研究范围涉及电力系统发、输、变、配、用全环节，在功率预测、设备智能巡检、设备异常与故障应急处理、客服智能服务、电网故障处理及紧急控制等业务中已有相关应用研究，其中在配用电领域的应用包括：

（1）输变电设备故障智能诊断和状态评估。

（2）变电站监控视频图像智能识别。

（3）输电线路巡视图像（视频）智能识别。

（4）基于可穿戴设备的变电站智能巡检专家系统。

2. 平台应用意义

变电站智慧型辅助系统全面监控平台应用中，基于人工智能与深度学习技术研发输变电线路防外破、线路缺陷识别、漂浮物等图像分析算法。AI 算法解决了传统人工巡视效率低、高空作业风险大、海量图片数据处理评价的问题，提升了工作效率效益和线路本质安全，实现了标准化、规模化、智能化作业。

人工智能在变电站智慧型辅助系统全面监控平台的应用可结合无人机形成智慧巡检方案。

3. 结合无人机的智慧巡检

无人机自主巡检是基于无人机与计算机视觉、智能硬件技术相结合而实现，随着深度学习技术及边缘端智能硬件的发展，已经成为变电站智能巡检的研究热点。

采用无人机进行智能巡检的优势在于：① 可根据不同巡检任务拍摄不同角度、不同距离的可见光照片，实时将图像信息传输给地面工作站。与传统人工上塔拍摄相比，无人机巡检操作灵活，能够完成多种巡检任务。② 若无人机搭载边缘计算智能硬件，通过边缘端深度学习推理，就可以使无人机拥有设备状态实时获取、设备缺陷准确识别的能力，使总体智能巡检水平得到提升。通过现场视频及图像的自动化、智能化处理，大幅减少人工工作量，将耗时耗力的人工分析转变为短时间内即可完成的人工复核。

当前无人机巡检产生的巡检数据主要有两种：激光雷达点云数据和光学影像数据。前者的数据处理通常指点云数据的三维重建与分析工作，目前已经具备较高的自动化水平，业内成熟的商用软件所需的人工干预已经很少。光学影像数据处理是从影像中找出特定的设备或具有特定影像特征的区域，其本质与图像目标检测类似。

（1）可见光影像数据处理。可见光影像电力目标检测是目前该领域最为热门的研究方向。由于实际存在的巡检业务需求，已有大量研究致力于巡检航拍图像中关键电力部件或特定缺陷的识别。随着硬件并行计算性能的提升和大型数据集的建立，深度学习技术在电力巡检图像检测领域逐渐得到实用。

（2）红外影像数据处理。由于红外热像法与可见光巡检在检查方法和成像上存在一定的差异，针对两种影像数据的研究也有较大差别。红外图像处理的研究主要集中在热像图降噪与增强、目标检测与分割、异常发热区域检测三个方向。

（3）激光雷达数据处理。无人机激光雷达巡检是雷达技术在测绘领域的细分应用。相较于传统的地图测绘工作，电力通道测绘的难点主要集中在杆塔和导线的识别与重建。

4. 智慧巡检典型应用场景

（1）绝缘子目标识别。作为电力系统中不可或缺的部件，绝缘子具有电绝缘和机械支撑的双重作用。绝缘子破损、脱落等故障可能危害电力系统的安全运行，因此绝缘子状态监测具有重要意义。为更好地从图像中检测出绝缘子的各种缺陷，需要提前对绝缘子进行准确识别。

目前工业界有很多基于 Faster-RCNN 框架对绝缘子进行识别的应用案例，但其在可见光应用场景中的准确度有待提高。对于目标检测的探索和改进有很多，视觉注意力机制是一个重要方向，它是人类视觉所特有的大脑信号处理机制。人类视觉通过快速扫描全局图像，获得需要重点关注的目标区域，而后对这一区域投入更多关注和资源，从而强化目标的关键细节信息，抑制其他无用信息。从本质上讲，深度学习的注意力机制和人类的选择性视觉注意力机制类似，核心目标都是从众多信息中选择出对当前任务目标更关键的信息。

可根据变电站巡检实际应用场景引入注意力机制对经典 Faster-RCNN 结构进行改良。SENet 是一种简单有效的注意力机制的网络，能够嵌入到当前主流的 CNN 结构中，增强特征提取层的感受野，提升 Faster-RCNN 的性能，改良后的 Faster-RCNN 结构如图 10–20 所示。

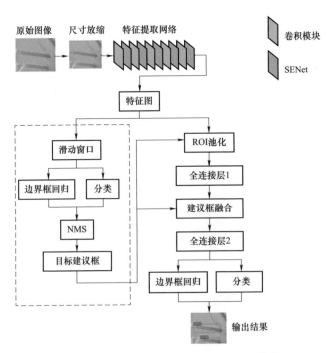

图 10–20　改良后的 Faster-RCNN 结构

改良后的 Faster-RCNN 只是骨干网络结构发生变化，训练与推理过程与 Faster-RCNN 基本一致。改良后的 Faster-RCNN 与经典 Faster-RCNN 识别效果对比，如图 10－21 所示。

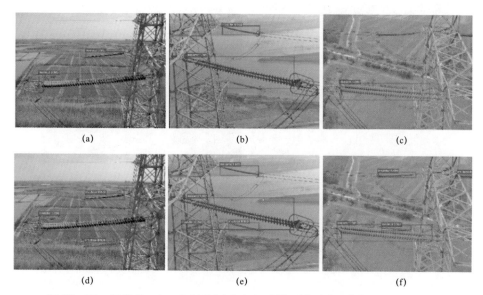

(a)　　　　　　　　　(b)　　　　　　　　　(c)

(d)　　　　　　　　　(e)　　　　　　　　　(f)

图 10－21　经典 Faster-RCNN（上）与改进后模型（下）的识别结果比较

（a）复杂背景下的绝缘子识别结果；（b）被遮挡的绝缘子识别结果；

（c）较小尺寸绝缘子识别结果；（d）识别出复杂背景下的绝缘子；

（e）识别出被遮挡的绝缘子；（f）识别出较小尺寸绝缘子

（2）红外图像定位。变电中的各类巡检机器人和无人机可通过所携红外热像仪采集变压器、互感器、断路器、避雷器、电抗器、阻波器、绝缘子等设备的红外图像。红外图像传统上是依靠有经验的工作人员进行人工判读，任务繁巨，容易发生严重的检测误判或漏判情况。这导致一些绝缘子故障隐患难以被及时发现，增加了检修成本。因此，基于深度学习研究绝缘子表面缺陷分类方法是非常必要的。通过计算机视觉的手段对红外图像进行处理可以大大提高绝缘子检测效率，其中最为关键的步骤是如何能在红外图像中将绝缘子进行自动定位。结合计算机视觉对红外数据进行设备与发热异常的图像识别，可实现异常自动检测。

使用电力设备红外图像数据集如图 10－22 所示。

采集到红外图像样本后，首先对原始数据集批量进行去噪、图像增强等预处理，而后对预处理后的图像标注图像中发热异常区域的坐标与类别标签，送入卷积神经网络模型进行训练。得到训练模型后，将待检红外图像作为输入，使用 Faster-RCNN 确定设备位置和类别，为下一步温度判别做出准备，流程如图 10 - 23 所示。

图 10 - 22 变电设备红外图像训练数据集典型样本

（a）变压器；（b）套管；（c）断路器；（d）隔离开关；
（e）电压互感器；（f）电流互感器；（g）避雷器

由图 10－23 可知，在红外图像上识别出绝缘子后，即可基于对温度的检测逻辑判定绝缘子设备是否异常。基于红外图像的设备异常检测效果如图 10－24 所示。

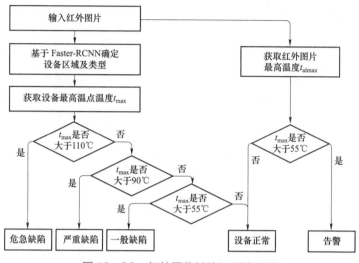

图 10－23　红外图像缺陷识别流程图

（3）架构金具检测。架构金具是变电站的重要部件，包括悬垂串导线端金具、地线金具等。这些金具尺寸不一，且拍摄的可见光背景复杂，检测难度较大。

结合当前计算机视觉研究进展，考虑架构金具的空间分布特点，引入空间位置敏感机制，提升目标检测效果。采用基于区域的全卷积网络（R-FCN）对航拍巡检图像进行目标检测。与 Faster-RCNN 算法相比，R-FCN 算法的改进在于使用“位置敏感”的区域池化层（position sensitive region of interest pooling layer）替换 ROIPooling 层来降低池化操作带来的目标位置信息的丢失。R-FCN 在区域池化层之前通过卷积神经网络生成目标属于每个类别的概率值和相对位置分值，使得所提取的特征更精细，保留了更多的位置信息。R-FCN 结构如图 10－25 所示。

图 10－26 是基于 R-FCN 的架构金具检测流程图。其中 OHEM（Online Hard Example Mining）是在线困难样本挖掘方法。OHEM 方法认为大部分背景区域和容易识别的目标区域关于类别的预测精度高，其损失较小。在训练时，将损失较小的区域的权重设为 0，可以使网络更重视识别难度较高的区域，可有效提高训练效果。检测效果对比如图 10－27 所示。

205

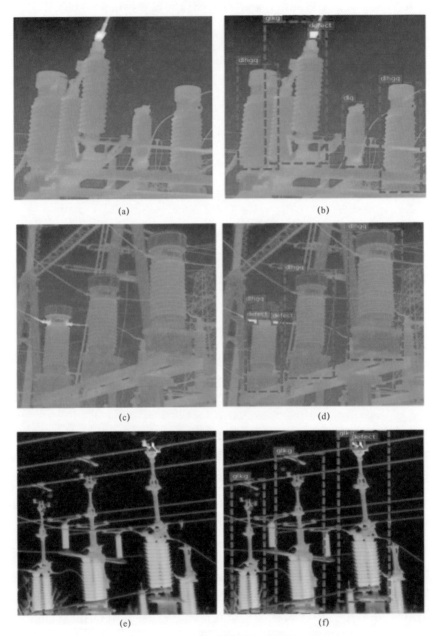

图 10-24 基于红外图像的异常定位检测效果

（a）原图；（b）识别结果；（c）原图；

（d）识别结果；（e）原图；（f）识别结果

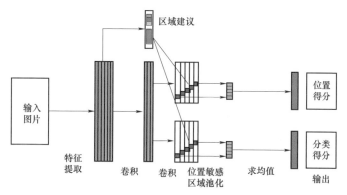

图 10 – 25　R-FCN 网络结构

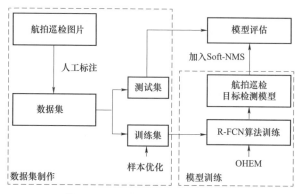

图 10 – 26　架构金具检测流程图

图 10 – 27　R-FCN（右）与 Faster-RCNN（左）检测效果对比

可以看出，使用经典 Faster-RCNN 直接进行检测时，当存在不完整的目标、目标间相互遮挡、干扰物体遮挡等复杂情况时，检测结果存在大量漏检。在使用 R-FCN 进行检测时，无论是在复杂背景下还是目标密集的情况下，漏检情况均较少，准确率也得到提升。

（4）仪表智能识别。在变电站设备运维中，指针式仪表由于其结构简单、成本低廉且抗干扰能力强等特点，被广泛安装在各类设备上，为运维人员提供判断设备运行状态的数据依据。在采用深度学习技术前，变电巡检机器人通过特征匹配方法对其可见光摄像机获取的仪表图片进行目标检测定位、读数识别。机器人对指针式仪表的整体识别流程如下：

1）机器人根据规划路径自动导航到指定仪表对应的巡视点。

2）机器人主控模块根据预设值调整位姿及模块化云台的水平、俯仰角度。

3）机器人获取当前条件下目标仪表的图像并进行仪表定位。

4）以目标仪表位置是否处于图像中心作为判别依据，机器人通过调整云台姿态进行目标仪表的二次对准（若需要可进行指定次数的多次迭代）。

5）机器人完成二次对准过程，获取适当尺度的目标仪表图像。

6）机器人执行图像预处理操作，进行目标仪表读数估算，并将结果返回给后台监控系统。

在原来的识别流程中，二次对准、读数估算这两个阶段是通过图像匹配实现的。由于图像匹配采用人工设计特征，其特征提取与表达能力较弱，抗环境干扰能力不强，在实际应用中经常受光照、背景变化影响，目标检测定位的准确率和读数估算的成功率并不理想。为此，可采用基于深度学习的算法模型分别对这两个阶段进行改进。

针对二次对准，可以使用深度卷积神经网络来提升目标仪表检测和定位的准确率。在现场不同光照、背景干扰条件下，利用机器人可见光摄像头采集足够数量的目标仪表图像并加以标注，再将标注好的数据输入基于卷积神经网络的目标检测器中进行训练。由于卷积神经网络可以提取更深层次的特征，因此该模型可以得到相较于特征匹配方法更优的检测定位准确率。针对读数估算，基于深度学习的表盘分割方法可以对仪表表盘中的三类关键要素（刻度线、指针、刻度值）分别进行准确提取和识别。相比较于基于特征匹配的单映矩阵和一维辅助测量线方法，深度学习表盘分割有助于通过各要素间位置关系的判断、基于刻度值分类结果的二次校核，对仪表读数进行更可靠的估算，从而具备更好的抗干扰效果。

在具体的实现中，为了兼顾高性能、低功耗、低带宽占用的实际约束，目标检测与图像分割模型可以分别采用 YOLOv3、U-Net 作为训练网络，而硬件则以 GPU 作为核心推理模块，使用目标检测和分割后获得的数字。

（5）人员状态智能检测。目前，变电站的日常运维管理中存在大量的现场作业需求，作业现场的人员管理和行为管控完全依靠人工核查和监督，监控视频也依赖人工判断，作业现场的短时违章行为不易及时发现，存在安全隐患。因此，基于机器视觉的作业现场行为识别技术在变电站视频监控中具有很大的应用需求，并已逐渐受到关注。与人员相关的监控需求主要涉及安全着装检测、身份识别及验证、目标检测与跟踪、异常行为识别等几个方面。本节以越界检测和安全帽佩戴检测为例来阐述深度学习在此方面的应用。越界检测一般以越界人的身体部位（如脚、手、肩和头等）为信号，当身体部位进入警戒线时即算越界。由于人体姿态估计的目标是检测出数据中人体的关键节点，比如头部、肩膀、臀部等，由此高效地估计人体的身体部位的关键点位置，因此越界检测问题可以转化为人体姿态估计问题。在安全帽佩戴检测方面，由于人体为非刚性物体，在复杂姿态的情况下（如弯腰、蹲下、后仰等），对安全帽进行正确识别难度会大大增加。因此可以在安全帽检测之前首先对相关人员进行姿态估计，将头部位置确定，提高施工人员复杂姿态下的安全帽佩戴检测的精度。

人体姿态估计可以使用基于卷积神经网络的 OpenPose 算法。OpenPose 算法是基于监督学习的自底向上的人体姿态识别方法，可以实现人体动作、面部表情、手指运动等姿态估计。OpenPose 首先利用 VGG－19 网络的前 10 层对图片提取特征 F，然后特征 F 通过一个连续的多阶段网络进行处理，网络的每个阶段包含了两个分支，其输出结果分别为人体部位分布热力图和部位亲和域。最后利用部位亲和域的特征表示来保存躯体的支撑区域的位置信息和方向信息。OpenPose 使用了多阶段的卷积神经网络对人体的关键部位进行检测，每个阶段的 CNN 网络都有两个分支，第一阶段和后续阶段的网络在形态上有所区别。每个阶段的两个网络分支分别用于计算部位置信图和部位亲和域。网络的第一阶段接收的输入是特征 F，经过网络的处理后分别得到初步的关节点热力分布图和部位亲和域特征表达。从第二阶段开始，阶段网络的输入包括三部分，分别为上一阶段的关节点热力分布图、部位亲和域特征表达和特征 F。经过几个阶段的精细调整，网络就会预测出精确的人体部位分布热力图。其次，通过部位亲和域来判断两个部位是否相连，若两个部位连线上的线性积分值较大，则两个部位属于同一个人的概率就越大。最后，遍历所有的搭配，计算积分和，找出同一个人的所有关节，即可得到人体骨架信息。通过人体骨架信息即可判断该人员是否有越界行为。

10.3.3　云原生技术

1. 云原生概念

云原生（Cloud Native）技术是一个思想的集合，包括 DevOps、持续交付（Continuous Delivery）、微服务（MicroServices）、敏捷基础设施（Agile Infrastructure）、康威定律（Conways Law）等，以及根据商业能力对公司进行重组。Cloud Native 既包含技术（微服务、敏捷基础设施），也包含管理（DevOps、持续交付、康威定律、重组等）。Cloud Native 也可以说是一系列技术、企业管理方法的集合。

在变电站智慧辅助系统全面监控平台中，云原生技术的应用主要是对变电站设备状态进行智能诊断。

2. 基于云原生平台的智能诊断

特高压变电站内的数据诊断分析需要进行毫秒级的分析处理，目前的云计算系统可以提供快速的服务，但有可能出现网络拥塞现象。特高压变电站要求实现信息的全面采集、传输及处理，实现大规模多源异构数据的融合，需要综合运用机器学习、统计学习、神经网络、SVM 等方法来研究和探索异构数据整合问题。根据应用业务需求可分为分类或预测模型发现、聚类、关联规则发现、序列模式发现、依赖关系或依赖模型发现、异常和趋势发现等。进行数据处理后，可着手构建设备的知识图谱，比如将断路器的出厂数据、压力值、动作次数、打压次数、打压时间、故障报告等有关该断路器的所有信息进行融合，建立该设备的知识树，进行可视化展示，方便更好地了解该设备的当前运行状态。其中智能感知层利用智能传感器采集变压器、断路器、互感器、避雷器和高压母线等变电站设备的状态参量，为信息整合层和智能应用层提供数据基础；信息整合层由监测主智能电子设备（Intelligent Electronic Device，IED）构成云平台，形成巨大的计算资源池和存储资源池，用于实现任务调度、故障初级诊断和数据存储等功能。利用云平台资源的共享特性，监测主 IED 之间的信息来实现冗余备用；智能控制层由变电站中心控制站组成，用于存储历史数据，结合历史数据诊断故障，定期更新信息整合层的知识库，如图 10-28 所示。

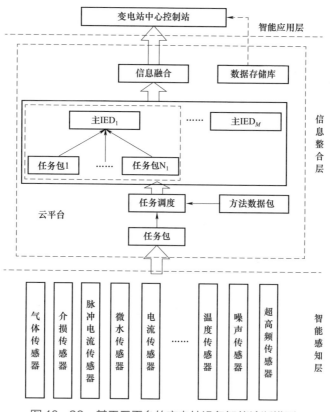

图 10-28　基于云平台的变电站设备智能诊断模型

该系统利用了云平台强大的资源整合能力，整合变电站内的大量数据，实现资源共享和分布式计算，提高了监测系统的可靠性；使用分层诊断的方式提高了诊断效率和准确率，并对诊断任务分配进行优化，提高了资源利用率。

10.3.4　大数据技术

1. 大数据概念

随着电力技术的不断发展，电网骨干网正由当前的 500kV 网架结构向特高压电网过渡。特高压变电站与传统超高压变电站有着较大的区别，其设备规模和电压等级均更上一个台阶，需要采用更多的在线监测手段采集数据来辨别设备当前状态。

在智慧型辅助系统全面监控平台中，对变电设备的运维管理多维化、精益化是大趋势，大量采用集成了状态检测传感器和智能变电一次设备及新式传感器，监测程度和一次设备的智能化水平大幅提升。随着监测数据采集点周期的缩短，海量的状态监测数据源源不断地产生，这就让应用大数据技术对变电站进行更为准确和实时的状态监测与评估成为可能。

因此，特高压变电站内集成了数量庞大的传感器，用来实时采集设备状态数据。大数据技术能够保证对这些海量数据进行及时地收集、处理、分析，并支持做相应决策的制定。

2. 基于大数据的智能巡检

特高压变电站地域广、设备多，每日巡视会耗费较大的精力。同时，因巡检人员水平及能力不同，又缺乏规范的标准，造成对缺陷描述不统一，经常导致缺陷重复录入。借助大数据技术，巡检人员可以有针对性地对可能出现问题的设备重点巡视，只需录入设备现场数据便可由计算机自动生成缺陷描述及缺陷报告，实现对设备的集中管控。目前很多电力公司采用手持移动终端巡检的工作方式，这种工作方式实现了设备信息的自动录入，但仍存在诸多问题，比如巡检内容繁杂且无针对性、无法实时读取设备工况、缺陷异常的定性较为困难等。而依托大数据技术搭建的变电站云平台可根据集成的设备出厂信息及历史数据等资料，结合当前运行工况及气象环境主动推荐当日巡视重点项目。运维人员手持智能巡检设备，在巡检过程中将发现的设备现象通过图片、音频、视频或文字描述等方式录入巡检设备，巡检设备将信息自动上传云平台，通过后台服务器进行数据分析得出设备健康状态变化趋势，从而进行设备状态定性，给出合理化建议，预先发现设备故障。当巡检完某一项目，巡检设备会根据推荐系统相关算法推荐距离最近的应去巡检的设备。依托智能移动设备，基于大数据技术的巡检，规范巡检流程，集成标准操作，能有效提高巡检效率，预先发现设备隐患，缓解运维人员压力。

10.3.5 5G通信技术

1. 5G技术内涵

5G通信的高速率、高带宽特性使得高清视频和图像能够快速、便捷地进行远程无线传输，可大量应用于电力系统视频图像监控场景，提升监控效率，降低通信成本。5G通信技术带来的变革有三点：

（1）提升图像视频清晰度，利用5G通信高带宽特性加速大容量文件传输。

（2）以实时监控取代原有的事后分析，利用 5G 通信高速和低延时的特性使能"所见即所得"。

（3）在监控中心以机器学习代替人工分析，利用 5G 通信回传的大量图片视频作为学习样本，实现机器自动化的判断分析。

在变电站智慧辅助系统全面监控平台中，5G 通信技术的应用主要是对变电站设备进行高清视频与图像实时监控。

2. 高清视频与图像实时监控

以无人机巡检和配电房视频监控为例。传统的无人机巡检一般采用录像的方式，返回后对视频进行分析。这一方法无法做到在线实时分析，无法保证故障处理的时效性，无法对复杂场景详细探查。如果无人机巡检采用 5G 通信，则可以将线路的高清视频和图像实时传递至监控中心，控制人员或人工智能算法可以重点核查部分问题线路，及时采取相应措施。配电房视频监控则一般通过有线专网回传，需要铺设光纤，而 5G 的应用则可以大幅降低有线专网铺设成本，特别是位于偏远地区和地质复杂地区的配电房等。

无人机巡检可以采用基于 5G 中低空覆盖技术、高速移动技术、基站切换技术、边缘计算协同技术的综合技术进行自动巡检。通过选择合适的 FDD 锚点，并结合天线调整上仰、上旁瓣抑制等技术来保证无人机在高空高速飞行的情况下信号传输的低延时，从而保证控制指令能够实时控制无人机。此外还可以使用大规模天线技术（Massive MIMO）和移动边缘计算（Mobile Edge Computing，MEC）来支持无人机实时回传 4K 高清视频。

10.3.6　物联网技术

1. 物联网的应用方式

传统变电设备监测装置往往以不同格式储存在多个不同系统中，难以整合利用。物联网技术可以解决传统变电设备监测装置相互独立、数据难共享、计算负荷分配不均及不具备故障初步诊断功能等问题。传统物联网侧重于设备之间的关联，利用传感器将各种设备与资产连接到一起，对关键设备的运行状况进行实时监控。在变电站智慧辅助系统全面监控平台中，物联网技术可以与 5G 通信、大数据、边缘计算、云计算、人工智能等技术相结合，综合了这些技术的监控系统的信息收集和处理的能力大大加强，并能够实现终端设备的实时响应处理。

在变电站智慧辅助系统全面监控平台中，物联网的应用主要是对变电站设备状态和操作信息进行监控预警。

2. 基于物联网的全维度设备状态监测系统

如图 10-29 所示，物联网输变电设备的体系结构由智能应用层、信息集成层、数据通信层和智能感知层组成。智能传感层是物联网的实际对外体现，包括主设备、传感器、标签等，用于完成设备和环境信息的采集；数据通信层提供透明或解析数据传输通道；信息整合层是把采集信息进行融合、存储等；智能应用层由输变电设备全寿命周期管理系统组成，通过监测设备状态和环境，全面感知输变电设备运行情况。

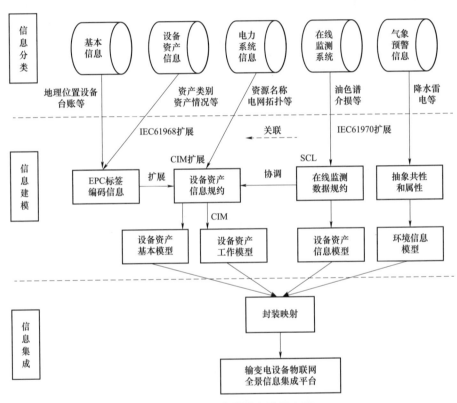

图 10-29 全景信息建模方案

由于全景信息模型可以通过综合数据采集、标准化编码模式、标准数据流模式、开放数据集成和服务等统一标准和先进技术，从三个维度（物理空间、信息空间和应用空间）描述设备相关信息，因此，可以在输变电设备物联网中引入全景信息模型来对输变电设备状态进行监测，以 CIM（Common Information Model）标准来构建数据模型。CIM 是 UML 文档化的一系列类图，用于描述各种发电、输电和配电等环节的主要对象。CIM 元数据由电力系统资源模型数据和电力系统资产模型数据组成。根据全景信息建模方法，全寿命周期管理全景信息平台在资源和资产模型数据的基础上，智能变电站设备全景信息可以细分为在线监测信息、电力系统资源信息（主要是设备主接线拓扑）、资产基本属性信息等基本属性信息。

总体步骤如下。

步骤一：根据设备寿命周期管理的要求，基于 IEC 标准中的信息模型，通过分析每个类来自哪个包、包含在其中的子类以及该类的应用场景，分析每个类的相关类和本体的属性。接下来，基于全景信息模型的扩展原理建立初步全景信息模型。

步骤二：建立完整的模型并将其引入到实际的用例中，使用软件模型检查工具来调试语法和语义，进行验证。

10.4　变电站智慧型辅助系统监控平台对变电运维方式的改变

10.4.1　变电运维现状

（1）设备状态监视手段有待完善。设备智能传感技术不成熟，在线监测手段少，产品性能运行稳定性不高。缺少主辅控系统监视手段，变电站消防、安防、辅控等实时信息未纳入实时监控，监控信息覆盖不全。人工点检，覆盖面小：目前人工或巡检机器人，都是对预置位进行监测，监测点在全站有效覆盖区域占比不到 1%。

（2）独立运行，数据利用率低下。变电站在运系统繁多，涉及主辅各个层面，目前都是各自为战，缺乏数据综合利用的手段；虽然运用在线监测、智能安全帽、机器人、无人机、视频监控等技术，不断完善设备智能化管理手段。构建了以 PMS2.0、变电运检管理平台、设备状态监测系统、智能巡检应用等为核心的设备管理业务系统，但对设备状态自动感知、自动识别和智能分析等功能，不能完全适应设备监控强度和管理细度的要求。

（3）专业业务管理协同程度有待提高。各系统平台间技术要求、数据接口、通信协议等有待规范，PMS、智能安全帽、在线监测、巡检机器人、视频监控等系统未有效贯通，数据未得到有效利用。跨部门、跨专业业务应用呈现管道化特点，存在数据源头不规范、接口标准不统一、数据质量不高等问题，共享利用难度较大，运维作业仍采用现场确认、就地操作、人工抄录等传统运维模式。缺乏性能优异的智能巡检作业支撑平台，内外网涉密数据问题有待明确。移动应用模块化、轻量化不足，业务流和数据流不规范统一，未实现全业务在线化、业务流转移动化，设备管理多层次、多维度应用场景受限。

（4）管理决策支撑能力有待提升。大数据价值挖掘不够，基于大数据分析的主动预警、智能研判还未得到充分应用。自动化程度低，智能化不足：缺乏"对全站任意位置测量数据进行时序跟踪"的技术手段，未构建基于各状态量的设备全景信息模型，智能运检、状态检修尚未得到有效支撑。应对突发设备故障和自然灾害时，无法准确掌握设备故障或受灾现场的详细情况，无法及时应对并安排后续抢修恢复工作。

10.4.2　变电运维方式的改变

变电站智慧型辅助系统监控平台通过数字孪生技术、视频融合技术、联合巡检、大数据分析、人工智能等技术，改变现场人员作业方式，实现信息采集自动化、远程巡视无人化、故障推送智能化；加强变电运维人员状态感知能力、缺陷发现能力、设备管控能力、主动预警能力和应急处置能力等五种能力建设，全面提升变电专业精益化管理水平，支撑设备主人制落实。

（1）全面感知　全面监控。建设设备状态管控全在线的信息化集控站，实现变电站主辅设备全面监控，强化在线监测和带电检测数据的智能传输与分析，扩展带电检测和在线监测新技术应用。突破现有单一物理量检测手段，多元化监测设备实时状态，试点应用温度、局部放电、超声、压力等综合监测技术，提升运维人员对变电设备的状态感知能力、缺陷发现能力、设备管控能力、主动预警能力和应急处置能力。基于主辅设备集中监控、设备状态智能巡视与感知技术，变电业务和移动作业微应用全在线，实现倒闸操作顺控化、信息采集自动化、远程巡视无人化、业务流程标准化、现场作业移动化、诊断分析智能化，结合三维可视化技术、物联网技术、机器人巡检、AR/VR等技术，对物理变电站进行高保真度建模，建立智慧变电站的数字化孪生体，实现外观一致、坐标一致、属性一致，在数字孪生环境中映射设备的温度、局部放电、电流、电压、有功、无功等信息，形成真正的时空结构化大数据，深度感知主辅设备运行状态及环境信息，实现主辅设备远方全面监控，全面提升变电专业精益化管理水平。

（2）智能研判　主动预警。以设备为核心，充分利用机器人、无人机、移动终端等新型智能装备，利用机器人、高清视频等设备采集可见光照片、红外图谱等数据，通过图像识别技术自动识别设备状态、设备缺陷、运行环境等信息，自动生成巡检报告，替代人工开展例行、熄灯及特殊巡视，发现异常时推送告警及时提醒运维人员。在变电运维业务上不断地进行生产准备、设备运维、设备检修、试验检测等运检业务创新，开展设备运行异常分析、故障分析研判等分析管控类业务，开展项目优化决策、应急指挥、智能调配等决策指挥类业务，不断地规范整合 PMS、智能安全帽、在线监测、巡检机器人等系统数据。通过智能机器人与无人机联合巡检，深度学习的智能机器人技术更先进，可实现巡检流程自动化、数据处理自动化、信息反馈自动化等各类运维自动化操作，增加了巡检手段，多维度地对变电站实时监察，当设备出现异常告警时可采用多手段进行验证。通过搭载高性能计算平台，借助图片识别技术，可以有效提高现场作业时发现问题的效率，实时处理。不断地建设数据集中管控平台，挖掘全方位数据价值，构建设备状态全景模型，将设备台账信息、运行工况、在线监测、带电检测、检修试验数据、故障信息、缺陷隐患等数据全景化展示。

（3）精益作业管理　安全智能管控。本辅助系统平台利用三维成像、精确定位、视频画面实时捕捉和智能识别等物联网技术，自动获取设备信息及工作任务，实时掌控人员作业行为与移动轨迹，对现场违规行为自动告警，实时监控变电站异常信息，实现现场安全智能管控。

从设备采购、监造、安装、调试、运维各环节，加强对设备资产全寿命周期管理，夯实设备本质安全基础；通过图像识别、作业行为管控、联合巡检、一键顺控等技术，强化人员作业安全，降低人员作业风险。

自动收集和跟踪主辅设备运行工况、环境信息、巡视结果、带电检测数据、在线监测信息、各类试验结果及变化趋势，自动实现设备状态实时分析、自动评价、自动诊断、智能预告警，辅助运检人员进行缺陷分析及决策处理。

（4）智能运检　提质增效。开展变电智能分析决策技术研究及智能研判策略研究，以变电专业实际需求为导向，设计基础业务、分析管控和决策指挥三层业务架构，覆盖变电全数据、全业务、全流程。其中基础业务包括变电验收管理、变电运维管理、变电检修管理、变电检测管理、变电评价管理。分析管控包括智能管控、算法识别训练。决策指挥包括全景监视、主动预警、智能决策、智慧指挥等。推进基于变电智能分析决策微服务微应用建设，实现设备状态主动预警、智能诊断、设备缺陷劣化预测、缺陷主动运维决策、智能检修决策、远程应急抢修指挥等高级应用功能。通过一键顺控、联合巡检、智能联动、主动预警、智能决策等应用减轻人员压力，提升运维工作质量和效率。最终实现设备状态透明化、数据分析全景化、业务流程标准化、诊断决策智能化、运检管理精益化，达到智能运检、提质增效的目标。

第 **11** 章

变电站智慧型辅助系统全面监控技术工程实践

11.1 案例名称及项目背景

典型案例名称：智慧变电站数字孪生综合管控系统。

该系统运用数字孪生作为核心技术底层，结合物联网、云平台等新型技术，可实现对全电站的温度、放电、运行等全专业信息进行海量采集与分析，实现高度可视化全面监测、趋势预测和故障预警。

11.2 建设目的

数字孪生智慧变电站综合管控系统应用于变电站运维与管理，实现系统状态全景、仿真预测和精益管理设备的功能，如图 11-1 所示。

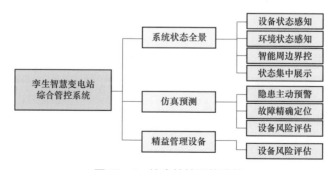

图 11-1 综合管控系统功能

11.2.1　全景可视化

（1）设备状态全面感知。感知设备温度、液位、局部放电、机械特征、电流等状态数据。

（2）环境状态全面感知。感知环境中的温湿度、毒气、可燃气、烟雾等状态数据。

（3）智能周边界控。感知周界的管控，电子围栏、智能门禁和视频监控等。

（4）状态集中呈现。数模结合，可视化集中呈现全面状态，一体化多维度展示数模信息，包括三维模型、图片、视频、声音、动画、数据、表格、图表等。

11.2.2　仿真预测

支持人工智能与大数据智能分析，可实现隐患主动预警、故障精确定位和设备风险评估。

（1）隐患主动预警。提前预测设备隐患情况，主动告警，减少设备损耗。

（2）故障精确定位。合理判断设备故障情况，支持大数据诊断，精确定位设备故障信息。

（3）设备风险评估。提前预测设备风险，对全专业设备进行风险情况分析，得到风险评级和详细情况。

11.2.3　精益管理设备

构建设备智能台账，将设备台账信息与对应设备三维模型相结合，实现集设备三维信息、基础信息、运维信息和业务信息于一体的三维可视化呈现。

11.3　主要技术

11.3.1　"图数一体化"建模

利用计算机三维建模软件（如 3dMAX、MAYA、U3D 等）对变电站地形、建筑和设备等进行 1:1 建模，导入虚幻 4 软件进行对应模型的数据匹配，得到"图数一体化"模型。

11.3.2　UE4程序开发

利用先进的计算机三维程序开发软件 UE4，进行模型导入、数据录入、程序编写等操作，实现完整的数字孪生智慧变电站综合管控系统研发。

11.4　实施流程

数字孪生智慧变电站综合管控系统研发流程分为数据采集、三维建模、功能开发与数据对接，最终实现系统研发。

11.4.1　信息采集

根据三维建模的需求，针对变电站进行现场实地测量、布点规划和勘察，采集变电站 GIS 信息、CAD 图纸、图像，或者获取变电站 GIM 模型；根据数据对接的需求，采集变电站环境信息、台账信息、辅助系统信息、监控指标信息。最后进行信息整理和校验，给系统开发提供全专业信息支持。

1. GIS 信息采集

通过对接 GIS 卫星导航，可结合无人机航拍信息，采集准确的变电站地理环境信息，包括变电站所在经纬度、地形高差、自然地貌、道路以及建筑物分布等，用于精准还原变电站地形及变电站周边环境，如图 11－2 所示。

图 11－2　GIS 卫星图

2. CAD 图纸采集

采集场地 CAD 图纸、设备 CAD 图纸和建筑 CAD 图纸用于精准建模的标准参照，如图 11-3 所示。

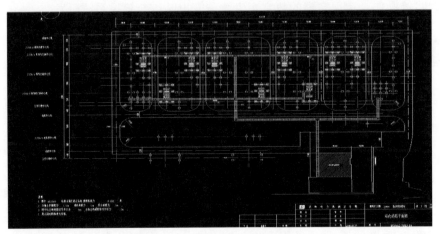

图 11-3　变电站 CAD 图纸

（1）场地 CAD 图纸。图纸带有场地的平台、围墙、地表建筑和非设备部分相关设施等场内物体的位置、大概结构和尺寸信息。

（2）设备 CAD 图纸。包括主变压器、高压断路器、隔离开关、母线、汇通柜、避雷器、电容器、电抗器、摄像机、机器人、机器人导轨、无人机、无人机箱、灯具、锁具、钥匙、接地线、直流设备、灭火装置、硅胶管和室内服务器机柜等详细产品的 CAD 图纸，附带三视图。

（3）建筑 CAD 图纸。包括场地内所有大小建筑的详细 CAD 施工图纸，标明外墙结构信息以及内部各层次地平、墙体、柱体、门窗等信息。

3. 图像采集

采集变电站整体图像、周边环境图像、巡检图像、设备图像和纹理图像，用于精准建模的实物参照。

（1）变电站整体图像。对变电站场地和室内进行整体巡视录像，多处拍照，如图 11-4 所示。

（2）周边环境图像。采集变电站周边环境信息详细特点，对周边环境进行巡视录像，特征拍照，用于结合 GIS 信息更真实还原周边环境。

（3）巡检图像。详细了解机器人巡检路线，并获取变电站机器人巡检路线图。

（4）设备图像。拍摄全专业设备详细照片，包括透视照、细节照，尽量选取较为正面、侧面、顶面的照片，如图 11-5 所示。

图 11-4　变电站拍照

图 11-5　设备拍照

（5）纹理图像。针对一些特殊纹理进行较正面的近距拍摄，拍照时尽量注意保持平光拍摄。

4. GIM 模型采集

变电站 GIM 模型包括场地地形三维信息、全专业设备三维信息、基础信息、业务信息、运维信息，以及建筑三维、建筑、结构、设施、设备、系统等信息，可大幅度节省采集时间与人力成本。

5. 环境信息采集

环境信息采集包括采集空气环境信息、天气环境信息、时间环境信息。

（1）空气环境信息。采集变电站所处环境的温度、湿度、SF_6 微水密度等历史信息，用于系统模拟空气环境实时监测。

（2）天气环境信息。采集变电站所处环境的天气状态历史信息，用于系统模拟天气环境实时动态。

（3）时间环境信息。采集变电站所处环境各季节和每天中各时段不同状态信息，用于系统模拟时间环境实时动态，例如变电站的日照时间、夜晚开灯时间不同，需获取照明系统对于不同时间的照明方案。

6. 台账信息采集

采集全专业设备单元的铭板、巡检、维护、缺陷、隐患、采购和安装等台账信息，用于录入系统中对应设备多维度信息展示，采集的设备单元见表 11-1。

表 11-1   设 备 信 息 表

名称：2 号变压器	
设备铭牌：电力变压器	
型号：SFZ11-240000/220	额定容量：240 000kVA
额定电压：（231±8×1.25%）/69kV	联结组标号：YNdll
相数：三相	使用条件：户外
额定频率：50Hz	绝缘水平：LI950AC395-LI400AC200/LI325AC140
机器身重：142.0t	上节油箱重：18.0t
油重：59.9t	运输重（充氮）：172.0t
总重：254.8t	GB 1094.1—1996
代号：B46.00	出厂序号：200901
厂家：葫芦岛电力设备厂	出厂日期：2009 年 5 月

（1）主变压器单元（主变压器、有载分接开关、开关、隔离开关、电流互感器、电压互感器、避雷器等）。

（2）站用变压器、接地变单元（开关、隔离开关、电流互感器、站用变压器、接地变压器、消弧线圈等）。

（3）出线单元（开关、隔离开关、电流互感器、电压互感器、线路避雷器、阻波器、耦合电容器、电力电缆等）。

（4）旁路单元。

（5）母联（分段）单元。

（6）母线单元（电压互感器、避雷器、接地开关、母线等）。

（7）电力电容器/电抗器单元（开关、隔离开关、电流互感器、电力电缆、电容器/电抗器、放电线圈、避雷器等）。

（8）直流单元（充电器、蓄电池、直流屏）。

（9）调相机单元。

（10）防误装置单元。

7. 辅助系统信息采集

采集辅助系统各子系统需要的数据，包括地线信息、SF_6 监测信息、E 匙通信息、视频监控信息、照明设备信息、智能门禁信息、消防设备信息和人员信息等。

（1）地线信息。采集地线点位信息，绘制点位图，用于模拟地线状态监测功能。

（2）SF_6 监测信息。采集监测设备点位信息，绘制点位图，并采集 SF_6 监测数据，包括压力、露点、微水值，用于模拟 SF_6 状态监测功能。

（3）锁具信息。采集锁具点位信息，绘制点位图，并采集锁具统计信息，用于模拟 E 匙通锁具功能。

（4）视频监控信息。采集摄像头点位信息，绘制点位图，采集对应摄像头监控视频，用于模拟视频监控功能。

（5）照明设备信息。采集照明设备点位信息，绘制点位图，用于模拟设备照明功能。

（6）人员信息。采集人员详细信息和门禁功能信息，用于模拟人员定位和智能门禁功能。

（7）消防设备信息。采集消防设备分类信息和点位信息，绘制点位图，用于模拟消防设备功能。

8. 监控指标信息采集

采集全专业设备单元的正常运行数据的参数范围，包括电流、电压、运行温度、机械特征等，用于系统模拟设备状态监测和实时告警功能。

11.4.2　三维建模

信息采集完成后，进入三维建模阶段，对变电站场地进行高仿真拟还原，优先选择 GIM 建模方式，若缺少所需 GIM 文件，则采用传统方式建模，得到完整的变电站模型后进行场景优化以及部分模型的三维动画制作。

1. GIM 建模

通过数据采集得到变电站 GIM 模型，直接录入系统，自动生成带有全专业设备多维度信息的孪生变电站模型，若有增加模型，可通过传统建模方式创建并导入系统。

2. 传统建模

根据数据采集得到的变电站 GIS 信息、CAD 图纸和照片、设备 CAD 图纸和照片，利用计算机三维建模软件（如 3dMAX、MAYA、U3D 等）对变电站地形、建筑和设备等进行建模，最终得到完整的变电站高仿真三维模型，如图 11-6 所示。三维建模各阶段对模型进行反复校验调整，完成建模后统一校验并调整，确保不出现遗漏模型、错误模型、模型空间分布错误等现象。

图 11-6　计算机建模

（1）变电站场站模型：地平台、围墙、地表建筑、非设备部分相关设施模型。

（2）变电站一次设备模型：主变压器（组成部件分解）、高压断路器、隔离开关、母线、汇通柜、避雷器、电容器、电抗器等模型。

（3）室内机器人模型：机器人模型、机器人导轨模型。

（4）室外机器人模型：机器人模型、巡检路线模型。

（5）无人机模型：无人机机箱、无人机模型。

（6）E 匙通模型：锁具、钥匙模型。

（7）机房电气柜区模型：室内、服务器机柜。

（8）接线模型：所有接电线、接地线模型。

（9）其他模型：摄像头、灯具、直流设备、灭火装置、免维护硅胶罐硅胶管、报警提示等模型。

3. 场景优化

运用最先进的虚幻 4 引擎软件（如 Unreal Engine 4、Twinmotion 等），将变电站三维模型导入引擎软件，进行高度真实优化，步骤分为周边完善、材质优化和渲染优化，如图 11-7 所示。

图 11-7　虚幻 4 场景优化

（1）周边完善。引擎自带地形编辑功能和大量模型库，可随意调用、自由放置模型，模型库缺少的模型可建模导入，在导入电站模型后，对电站周边环境进行真实还原。

1）地形还原：按照采集的周边 GIS 信息对地形进行真实还原，主要以 GIS 地形高差作为依据。

2）地貌还原：按照采集的周边 GIS 信息和环境图像对周边地貌进行真实还原，主要包括土质、植被、河流等自然景物。

3）建筑还原：按照采集的周边 GIS 信息和环境图像对周边建筑进行真实还原，主要包括房屋、桥梁、隧道等人造景物。

4）设施还原：按照采集的周边 GIS 信息和环境图像对周边设施进行真实还原，主要包括道路、输电杆塔等人造设施。

（2）材质优化。引擎自带高品质真实材质库，纹理真实、质感强烈，若需特殊纹理可通过采集的纹理图像导入引擎获取，依据采集的环境图像赋予模型原本材质，还原变电站及周边真实的材质效果，如图 11-8 所示。

图 11-8 虚幻 4 材质优化

（3）渲染优化。引擎自带高仿真的自然状态实时渲染功能，可模拟天气环境和时间环境不同程度的自然真实状态，渲染出不同月份、不同钟点、不同状态的晴天、阴天、雨天、雪天、雾霾天景象，还原变电站及周边真实的多维度渲染效果，如图 11-9 所示。

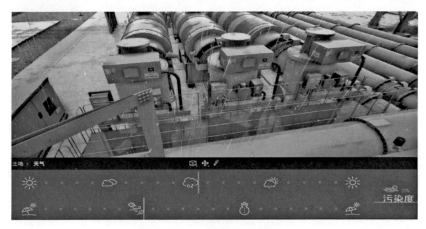

图 11-9 虚幻 4 渲染优化

4. 动画制作

利用现有的场景优化模型，结合数据信息，运用最先进的虚幻 4 引擎软件（如 UE4、Twinmotion 等），根据需求制作系统功能开发所需要三维动画，对场景制作要求如下。

（1）一次设备：主变压器爆炸图，各组件分离，清晰呈现各组成部分能提供内部拆解模型，即可实现爆炸效果。

（2）视频监控系统：摄像机镜头浮动效果，表现监控拍摄角度范围光效。

（3）室内机器人系统：机器人移动相关动作，轨迹动画。

（4）室外机器人系统：机器人移动相关动作，轨迹动画，表现机器人拍摄、扫描范围。

（5）巡检路线：表现机器人轨迹。

（6）无人机：无人机飞行轨迹动画，表现无人机沿轨迹飞行。

（7）智能照明系统：灯的本体的开闭光效。

（8）E 匙通：开锁和锁闭动作动画，点击列表定位到该锁具三维位置，该锁具突出显示，汇通柜做突出的光效表现。

（9）接地线系统：表现接地线系统接上去的动画。

（10）报警提示：报警设备做突出的光效表现，上方闪耀报警图标。

11.4.3　功能开发

根据需求对系统功能进行设计规划，运用最先进的 UE4 进行程序开发，将完成的场景优化模型与动画载入，接入采集的环境信息、台账信息和监控指标等信息，编写程序代码，实现系统各项功能。

1. 综合首页

进入系统综合首页，以高空视角俯瞰变电站及周边场景，实时渲染显示场景优化后的变电站模型，呈现站内全专业设备、地平台、围墙、建筑等，以及周边地形、地貌、建筑、设施等三维可视效果，空间分布一目了然，如图 11-10 所示。

图 11-10　综合首页

（1）视角操作。系统配置视角操作按键，3D游戏式按键操作，便于自由浏览变电站全场，操作如下：

1）视角平移1：键盘"W、A、S、D"表示上下左右不同方向视角移动。

2）视角平移2：按住鼠标左键在场景中拖动，视角沿着拖动方向移动。

3）视角缩放：滑动鼠标中键滚轮，前滑拉近视角，后滑远离视角。

4）视角旋转：按住鼠标右键滑动鼠标，视角根据鼠标滑动方向旋转视角。

（2）方向定位。

1）方向仪：在中上方设置方向仪便于查看目前视角朝向。

2）坐标定位：在右下方设置坐标信息便于查看当前位置坐标定位。

（3）主菜单。在中下方配备主菜单功能按钮，左右依次排布综合首页、VR巡检、设备管理、辅助系统、无人巡检、AR智能巡检、缺陷管理和实时告警功能按键，便于随时切换选择。

（4）环境监测。在首页界面左上方配备环境信息窗口，显示场地内烟雾浓度、温湿度、CO、SF_6、O_2、O_3等监测信息，该信息通过采集的环境信息得到。

（5）设备查看。在首页右方配备设备列表窗口，可分类查看全专业设备多维度信息。当列表中选择某一设备时，视角自动拉近定位至该设备位置，弹出设备信息窗口，该信息通过采集得到的设备台账信息录入获取，如图11-11所示。

图11-11　设备查看

（6）小地图导航。界面右下方配备站区小地图，地图显示站区整体布置以及巡检路线，便于快速得知目前视角的位置信息，小地图内以正中指针作为目前位置和朝向的参照,当移动位置和视角时,指针位置与朝向同步更新。

(7)室内漫游。界面小地图右方配备室内漫游按钮,便于查看室内环境与室内设备信息,点击按钮视角自动定位入室内,可在室内自由走动,如图 11-12 所示。

图 11-12　室内漫游

(8)时间与天气。界面右上方配备时间与天气功能模块,可快捷查看时间天气信息,点击█菜单按钮打开此模块菜单,可随意模拟不同时间、不同天气下的自然真实变电站场景,并配备实时关联功能,通过互联网关联变电站所在地气象局时间天气信息,孪生模拟真实时间天气状态,如图 11-13 所示。

图 11-13　时间与天气效果

（9）测量工具。■菜单界面下方配备测量工具，可测量场地单段或多段距离，如图 11-14 所示。

图 11-14　距离测量

（10）水晶模式。界面小地图下方配备实体/水晶模式切换显示按钮，制作场景特效开发水晶模式凸显科技感，相较于实体模式占用性能更小且便于场景观察，如图 11-15 所示。

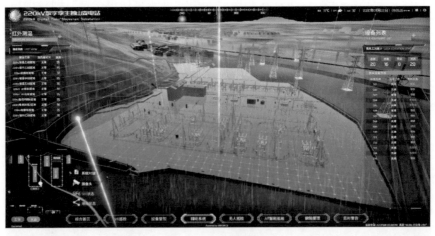

图 11-15　水晶模式

（11）系统设置。界面右上角配备系统设置按钮🔧，点击进入系统设置界面，可对显示、镜头和声音选项进行详细设置，点击下方"确定"按钮完成设置，点击上方"退出软件"按钮退出系统，如图 11-16 所示。

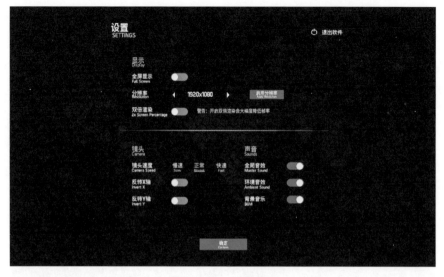

图 11-16 设置页面

2. VR 巡检

配备 VR 巡检功能，点击下方主菜单 "VR 巡检" 按钮切换至界面，界面视角自动按照巡检路线移动，全专业设备上方均设置设备图标，缺陷设备图标以红色显示，点开可查看设备缺陷信息，界面下方设置巡检进度条，拖拽其可改变巡检路线进度，小地图右边设置 "切换镜头" 按钮，点击可切换第三人称视角/第一人称视角，如图 11-17 所示。

图 11-17 VR 巡检

3. 设备管理

配备设备管理功能，点击下方主菜单"设备管理"按钮切换至界面，查看全专业设备的多维度信息，该信息通过采集得到的设备台账信息录入获取，如图 11-18 所示。

图 11-18　设备管理

（1）设备列表。页面左上方配备设备列表窗口，对设备组进行分类查找，窗口下方为设备列表，显示设备序号、名称、型号及 ID 编码。

（2）详细信息。视口或设备列表中点击某一设备，页面右方出现详细信息窗口。窗口上方配备设备组成部分选择菜单，点击某一组成部分按钮，下方呈现该组成设备运行卡片信息、铭板信息、设备变动信息、运维记录信息等。

（3）爆炸图。详细信息窗口右下角配备爆炸图开启/关闭功能，点击"开启"按钮场景消失，弹出爆炸图页面展示设备构成部分，可旋转或拉近视角详细查看各设备组成部分，点击"关闭"按钮退出该页面，回到原先场景页面，如图 11-19 所示。

4. 辅助系统

点击主菜单"辅助系统"按钮切换至界面，按钮上方一排左右分布子系统功能按钮，功能模拟中的数据均来源于辅助系统信息采集，如图 11-20 所示。

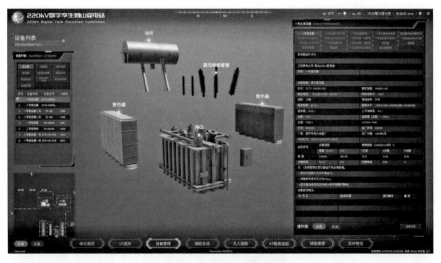

图 11-19　爆炸图拆解

图 11-20　辅助系统菜单

（1）系统对接。子系统功能菜单配备"系统对接"按钮，点击进入系统对接页面，页面下方配备"导入系统"与"导出系统"按钮，用于编辑窗口列表中系统导入与移除，点击系统名直接打开并跳转至该系统。

（2）红外测温。页面左上方配备红外测温窗口，显示所有箱体红外测温信息。

（3）地线状态。子系统功能菜单配备"地线状态"按钮，点击右方出现地线状态窗口，查看所有接地线统计情况和列表信息，用于发现断开地线，如图 11-21 所示。

图 11-21　接地线界面

（4）SF$_6$状态。子系统功能菜单配备"SF$_6$状态"按钮，点击右方出现 SF$_6$ 状态窗口，查看所有 SF$_6$ 数据列表信息，用于监测异常数据，如图 11-22 所示。

图 11-22　SF$_6$状态界面

（5）E 匙通。子系统功能菜单配备"E 匙通"按钮，点击右方出现锁具管理窗口，上方为锁具工况统计，下方列表以区域分栏查看所有锁具开关和授权工况，点击"授权/未授权"按钮可切换授权状态，如图 11 – 23 所示。

图 11–23　E 匙通界面

（6）视频监控。子系统功能菜单配备"视频监控"按钮，点击视图界面出现所有摄像头点位图标，点击图标弹出监控画面，点击"红外成像"按钮切换红外监控画面，如图 11 – 24 所示。

图 11–24　视频监控界面

（7）照明设备。子系统功能菜单配备"照明设备"按钮，点击视图界面出现所有照明点位图标，点击图标控制照明开关，如图 11 – 25 所示。

图 11-25　照明设备界面

（8）智能门禁。子系统功能菜单配备"智能门禁"按钮，点击右方出现门禁管理窗口，上方为人员出入统计，列表查看今日人员进出时间和方式，底部可调阅历史记录、控制门禁开关和呼叫门卫，如图 11-26 所示。

图 11-26　智能门禁界面

（9）人员定位。子系统功能菜单配备"人员定位"按钮，点击右方出现管理窗口，上方为人员统计，列表查看人员位置和工况，选中某一人员界面自动定位该人员位置并显示详细信息，如图 11-27 所示。

图 11-27　人员定位界面

（10）消防设备。子系统功能菜单配备"消防设备"按钮，点击视图界面出现所有设备点位图标，右方出现消防设备窗口，上方统计消防设备类别及数量，下方显示设备列表，点击某设备，视图中自动定位到该设备点位，设备描边且图标高亮显示，如图 11-28 所示。

图 11-28　消防设备界面

5. 无人巡检

点击主菜单"无人巡检"按钮切换至界面，如图 11-29 所示。

图 11-29　无人巡检界面

（1）巡检操作。界面显示所有机器人/无人机运动状态，其上方显示图标，选中某一机器人/无人机时，图标高亮，出现机器人监控角度范围和巡检画面，点击"红外成像"按钮可切换红外监控画面，点击"作业导航"按钮可设置该巡检设备的巡检路线。

（2）巡检设备列表。页面左上方配备巡检设备列表窗口，对设备组进行分类查找，列表显示设备名称、ID 编码和工况，绿色工况表示正常运作，红色表示未运作，可能出现损坏问题。

（3）详细信息。视口或设备列表中点击机器人/无人机，页面右方出现巡检设备多维度信息窗口，可选择"维护/安装/采购/状态/缺陷/铭板"按钮，下方显示详细信息。

6.缺陷管理

点击主菜单"缺陷管理"按钮切换至界面，中下方配备缺陷管理窗口，如图 11-30 所示。

（1）缺陷查看。界面下方出现缺陷列表，可查看所有缺陷的编号、设备、等级、类别、上班小组、发现位置、发现时间详情。

（2）列表功能。查询：在上方设置查找条件（对上报小组、缺陷等级、上报时间进行限制），点击"查询"按钮进行范围查询，点击"重置"初始化查询条件。

生成检修点：勾选左方☐单选或☐全选，点击下方"生成检修点"按钮创建对应检修点，通知检修组对缺陷进行检修。

图 11-30　缺陷管理界面

导出：勾选左方 ■ 单选或 □ 全选，点击下方"导出"按钮将选中项生成缺陷列表，可打印。

7. 实时告警

系统配备实时告警界面，当检测设备出现问题时主动告警提示，点击主菜单"实时告警"按钮进入界面查看所有告警信息，如图 11-31 所示。

图 11-31　实时告警界面

（1）告警列表。页面下方配备告警列表，显示所有告警的编码、名称、描述、触发时间、触发位置、处理状态信息，点击某一项告警可查看告警监控和详细信息，并进行预案处理。

（2）告警监控查看。页面左上方配备告警监控画面，可查看各处的实时监控和录像回放画面，可确认该告警的现场实际情况。

（3）告警详细信息查看。页面右方配备该告警项的三相告警、告警处理和执行人员的详细信息。

（4）告警预案处理。页面右下方配备预案处理功能模块，点击"通知应急小组"按钮立即派发任务对设备进行抢修，点击"短信通知员工"按钮可提示员工重要事宜，点击"门禁控制"按钮可控制门禁开关，点击"SOS"按钮可对危急情况进行报警。

11.4.4　数据对接

通过系统接入各项功能数据，得到变电站全专业设备业务数据，达到业务数据实况展示效果，最终实现数模一体化孪生。

1. 变电设备

通过采集得到的变电设备台账数据与相对应设备进行数据匹配，以"AR现实增强"技术呈现变电设备多维度信息，可结合设备拆解动画，实现设备爆炸图展示功能。

2. 机器人

对机器人进行ID编号，根据下列项对相应机器人进行数据匹配。

（1）机器人ID：通过智能巡检机器人系统标准化接口协议规则接入数据，本接口协议以http方式通过POST请求，传递json格式数据的形式进行访问，编码格式为UTF8编码。

（2）视频文件：站端系统视频支持通过配置远程IP地址和端口号的方式接入到视频平台。

（3）可见光图片：可以通过url进行访问。

（4）红外图片：可以通过url进行访问。

（5）巡检路线图：数据采集得到。

3. 无人机

对无人机进行ID编号，根据下列项对相应无人机进行数据匹配。

（1）视频数据：通过url进行访问，以http方式访问流媒体文件。

（2）图片：通过无人机无线网络上传，通过url进行访问。

4. 摄像头

对摄像头进行 ID 编号，根据下列项对相应摄像头进行数据匹配，url 流媒体访问方式。

5. 接地线

对变电设备接地线进行 ID 编号，根据下列项对相应接地线进行数据匹配。

（1）接地桩编号：参考《无线地线挂接信息 104 接入说明》。

（2）开关量：可靠连接感知，布设传感器。

6. E 匙通

对锁具进行 ID 编号，根据下列项对相应锁具进行数据匹配。

（1）锁具数据：参考《E 匙通接入辅控系统规约接口规约说明》。

（2）锁具点位：数据采集得到锁具点位图。

7. 灯具

对灯具设备进行 ID 编号，根据下列项对相应灯具进行数据匹配。

（1）灯编号信息：参考《紫光照明 BIN 服务与上位机通信协议》。

（2）开关状态：布设光源感应器。

（3）灯具点位：数据采集得到灯具点位图。

8. SF_6 监测

对 SF_6 监测单元进行 ID 编号，物联网数据平台获取监测数据，匹配相应单元。

9. 人员定位

对佩戴终端设备进行 ID 编号，无线网上传 GIS 信息，匹配相应人员终端。

10. 消防设备

对消防设备进行 ID 编号和分类，数据采集得到设备点位图。

11.5　应用成效分析

通过应用智慧变电站数字孪生综合管控系统，达到数据层、管理层和作业层的全方面升级。

11.5.1　数据层

整合生产控制大区、信息管理大区运行数据，对数据进行了关联，并将数据与孪生模型相映射，实现数据统一管理与调配，见表 11-2。

表 11-2   数 据 层 成 效 分 析

序号	建设前	建设后
1	数据分散：缺乏核心技术底层整合各个子系统，数据分散，数据统一管理与调配较为困难	数据集中：以数字孪生作为核心技术底层，整合全专业设备多维度数据，还包括动环数据、消防数据、安防数据等，实现数据统一管理与调配
2	不易用：数据体量大，类别繁复，用平面列表或图标方式呈现，不易观察，缺乏直观性，数据显得不易用，增加管理与调配难度	全面易用：对数据与孪生模型进行相互映射，利用数模结合方式可视化呈现全专业设备多维度数据，数据直观清晰、一目了然、全面易用，实现高质效的数据管理与调配

11.5.2 作业层

结合 AI 视频监控、VR/AR、智能机器人和无人机等巡检与验证手段，实现多样化智能巡检与验证。全面整合分散的业务入口，实现联动作业和高效抢修，见表 11-3。

表 11-3   作 业 层 成 效 分 析

序号	建设前	建设后
1	分散作业：数据分散管理、业务入口众多，作业相对松散，实现联动作业较为困难	联动作业：整合业务入口，打通业务壁垒，建立业务闭环体系，有效关联业务，实现作业人员联动作业，达到高质效作业
2	盲区作业：对作业人员没有实时的监控手段，往往因作业人员失误导致设备损失或人员伤亡	安全作业：AI 摄像实时监控，智能判断作业人员防护装备佩戴、作业规范和人员状态情况，对人员非安全状况进行告警，在系统中可全程监控作业人员作业，保障安全作业
3	人工巡检：人工巡检为主，专业要求高，缺乏智能手段支持，耗时耗力，且人力有限，往往出现忽视、误判等情况，巡检落后给设备运维带来困难	智能巡检：采用"室内/室外无人机＋机器人"联合智能巡检，解放人力，高度智能化机器人可对变电站设备进行无差别、高精度、高质量、高效率的全方位巡检
4	抢修延误：巡检落后造成抢修不及时；业务入口多导致抢修延误；抢修靠人力分析，对专业要求较高，易出错	抢修高效：支持大数据智能分析，快速精准判断设备问题，在线下达决策，在线指导抢修人员协同互动，多方联合作业进行高效抢修

11.5.3 管理层

通过建设集全专业信息为一体的孪生变电站，站内设备资产基础信息、运维信息和业务信息"一站式"获取，并结合人员定位，直观清晰掌握站内一切情况，实现精益管理设备、集约指挥人员和人员动态掌控，见表 11-4。

表 11-4   管 理 层 成 效 分 析

序号	建设前	建设后
1	设备信息片面：台账信息缺少系统收录，缺乏统一管理，对设备数量、损耗、隐患、成本和采购都难以认知全面，设备管理显得落后	精益管理设备：台账信息全面、系统收录、三维可视化呈现设备多维度信息，支持大数据智能分析，对设备数量、损耗、隐患、成本和采购全面知晓，对设备全生命周期了如指掌，实现精益化管理
2	烦琐指挥：业务联动弱，指挥人员作业需要互相传达工作票，召集人员后亲临现场指挥，很大程度上受时间和空间限制，指挥效率低下	集约指挥：引入全专业三维可视化孪生系统，一站式打通全面业务联动，对各业务层人员发出统一高效指挥，摆脱时间和空间限制，发挥集约化指挥优势
3	人员动态不可知：信息化不足，缺乏智能手段，无法及时了解到人员动态，人员的考勤、作业情况和安全情况都难以掌控	人员动态全掌控：支持智能门禁和 AI 摄像实时监测人员动态，并自动定位人员位置，实现识别人员信息、统计人员出入、定位人员位置、实况人员作业、关注人员安全的"一站式"人员动态全掌控

　　数字孪生变电站建设为变电站设备及环境全景实时感知能力、在线诊断设备健康状态、推动提升设备隐患故障定位和检修效率、实现设备全生命周期管理等提供了有力支撑。能够支撑设备状态检修从"定期检修"向"预防性检修"过渡，提升设备精准运维，减少现场作业频度，降低人员现场作业误操作风险；通过对设备状态的精准评估，延长设备寿命周期，实现资产增值。